大学生信息技术
拓展模块

李 华　张国强　主　编

田锦秀　关　博　朱继宏　杨少雄　副主编

王　津　主　审

电子工业出版社·
Publishing House of Electronics Industry
北京·BEIJING

内 容 简 介

本书以项目为引导，每个项目包含项目导读、知识框架、项目小结、课程思政和自测题。每个项目分成多个任务，每个任务配有【任务导入】、【学习目标】、【任务实施】等内容。对难度较大的理论性内容和操作性内容，提供教学视频（请扫描本书封底二维码获取教学视频）；对课后习题，提供参考答案。此外，还为使用本书的教师提供课程标准和授课计划等资料（请登录华信教育资源网下载），书后附有模拟题。

全书包括 15 个项目，共 51 个任务，主要内容包括信息安全、项目管理、机器人流程自动化、程序设计基础、大数据、人工智能、云计算、通信技术、物联网、数字媒体、虚拟现实、区块链概述、区块链技术（选修）、Windows 操作系统（自学）和 WPS（以 WPS 2019 为例）新增功能简介（自学）等。

本书可作为大中专院校及各类培训机构的专用教材，也可供参加全国计算机等级考试和全国计算机技术与软件专业技术资格水平考试的考生自学或参考，还可供在职人员自学使用。

图书在版编目（CIP）数据

大学生信息技术：拓展模块 / 李华，张国强主编. —北京：电子工业出版社，2024.3
ISBN 978-7-121-47532-0

Ⅰ. ①大… Ⅱ. ①李… ②张… Ⅲ. ①电子计算机－高等学校－教材 Ⅳ. ①TP3

中国国家版本馆 CIP 数据核字（2024）第 055841 号

责任编辑：郭穗娟
印　　刷：三河市华成印务有限公司
装　　订：三河市华成印务有限公司
出版发行：电子工业出版社
　　　　　北京市海淀区万寿路 173 信箱　　邮编　100036
开　　本：787×1092　1/16　印张：19.25　字数：489.6 千字
版　　次：2024 年 3 月第 1 版
印　　次：2024 年 3 月第 1 次印刷
定　　价：69.80 元

凡所购买电子工业出版社图书有缺损问题，请向购买书店调换。若书店售缺，请与本社发行部联系，联系及邮购电话：（010）88254888，88258888。

质量投诉请发邮件至 zlts@phei.com.cn，盗版侵权举报请发邮件至 dbqq@phei.com.cn。

本书咨询联系方式：（010）88254502，guosj@phei.com.cn。

序

从文明进化和产业发展轨迹看，人类用约 300 年的历史进程完成了以蒸汽机、电力应用、计算机为主要应用代表的三次产业革命。第一次产业革命的触发点是 18 世纪英国人瓦特发明蒸汽机，机械动力取代人力与畜力，使人类进入机器工厂的"蒸汽时代"。

第二次产业革命的触发点是电力，规模化利用自然资源的工业生产应运而生，将人类带入分工明确、大批量生产的流水线模式和"电气时代"。同时，以电话电报为标志的通信产业改变了人与人的沟通方式。

以计算机为代表的第三次产业革命，其发展速度和影响范围是史无前例的。其触发点是电子信息技术的应用，催生了互联网，大大地改变了人与人的沟通方式，实现了知识、经验、信息的快速传播和共享。

如今，计算机技术的飞速发展使得"互联网+"、人工智能、大数据、物联网、云计算、智慧城市、VR、AR、元宇宙等技术迅猛发展并得到广泛应用。对于当代大学生来说，学好"大学生信息技术"课程，掌握信息技术基础知识，熟练使用常用工具软件已成为最基本的要求，也是大学生走向社会必备的技能和立足之本。

张国强
2024 年 1 月

前　言

当前，我们处于信息爆炸时代、网络互联时代、数字媒体时代，大数据、物联网、人工智能、区块链等技术不绝于耳。掌握互联网环境下新信息技术基础知识已经成为大学生和职场人的基本要求。

本书是根据教育部 2021 年发布的《高等职业教育专科信息技术课程标准》编写而成的，内容紧贴该标准，包括以下内容。

项目 1 信息安全。首先，介绍信息安全技术的基本概念、主要性质、面临的主要威胁。其次，介绍生物特征识别技术的定义、种类及应用。最后，介绍网络攻击与防范的定义、面临的现实情况和发展趋势。

项目 2 项目管理。首先，介绍项目基础知识。其次，介绍项目管理的概念、作用、特征、具体过程等内容。最后，介绍信息技术在项目管理工作中的应用。

项目 3 机器人流程自动化。首先，介绍机器人流程自动化（RPA）的基本概念、前身、本质、实现方式、优点和未来。其次，介绍 RPA 的功能、典型应用场景和目前市场流行的 RPA 软件。

项目 4 程序设计基础。首先，介绍程序设计基础知识。其次，介绍结构化和面向对象两种设计思想。最后，以 Python 为例介绍程序设计方法和实践。

项目 5 大数据。首先，介绍大数据基础知识和实际应用。其次，介绍大数据架构和工具。最后，介绍大数据分析、数据挖掘、大数据可视化和大数据应用中面临的常见问题及应对措施等内容。

项目 6 人工智能。首先，介绍人工智能的概念、发展史和实际应用。其次，简单介绍自然语言的生成、图像识别、计算机视觉、机器学习、生物特征识别、人机交互、数据挖掘、神经网络等人工智能技术。最后，简单介绍 ChatGPT。

项目 7 云计算。首先，介绍云计算概念和云计算应用。其次，介绍云计算模式和云计算技术。最后，介绍云计算服务。

项目 8 通信技术。首先，介绍现代通信技术基本知识。其次，介绍 5G 技术，包括 5G 的应用场景、基本特点、关键技术、网络架构和部署。最后，介绍其他现代通信技术，包括蓝牙、Wi-Fi、射频、卫星通信、光纤通信及多种通信技术的融合发展。

项目 9 物联网。首先，介绍物联网基本概念、应用领域和发展趋势等基础知识。其次，介绍物联网和其他技术融合及物联网体系结构。最后，介绍物联网体系层关键技术及典型物联网应用系统。

项目 10 数字媒体。首先，介绍媒体、数字媒体、数字媒体技术和数字媒体的发展趋

势等基础知识。其次，介绍数字文本处理、数字图像处理、数字声音处理、数字视频处理。最后，介绍 HTML5 应用的新特性，以及 HTML5 应用的制作和发布。

项目 11 虚拟现实。介绍虚拟现实的概念、基本特征、分类、发展历程、应用、关键技术和软硬件系统，探索了元宇宙的基础知识。

项目 12 区块链概述。介绍区块链的历史起源、发展阶段、应用现状和发展前景，使读者初步认识区块链技术的概念和使用范畴。

项目 13 区块链技术（选修）。从信息技术角度介绍区块链技术的类型、特征和结构原理，使读者最终全面了解和掌握区块链技术的核心内容。

项目 14 Windows 操作系统（自学）。首先，介绍操作系统的概念、作用、功能、种类和常见操作系统等基础知识。其次，介绍 Windows 的基本操作与常见设置。最后，介绍计算机的正确使用习惯，以及系统的备份、还原与重装等操作。

项目 15 WPS 新增功能简介（自学）。介绍 WPS 中 PDF 文件操作、绘制流程图、绘制脑图/思维导图、海报设计、利用表单收集数据等新功能。

本书由西安城市建设职业学院机电信息学院原院长张国强组织编写，王津教授对全稿进行主审，西安城市建设职业学院机电信息学院计算机教研室主任李华和张国强担任主编，骨干教师田锦秀、关博、朱继宏和杨少雄担任副主编。具体编写分工如下：项目 1 由杨少雄老师编写，项目 2、项目 6、项目 11 中的任务 3、项目 14、项目 15 和附录模拟题由李华主任编写，项目 3、项目 11 中的任务 1 和任务 2 由张国强编写，项目 4 和项目 8 由关博老师编写，项目 5、项目 7、项目 9 和项目 10 由田锦秀老师编写，项目 12 和项目 13 由朱继宏老师编写。

本书在编写过程中得到西安城市建设职业学院副院长邵思飞、院长助理邸鑫、教务科研部部长牛陇安、机电信息学院原院长张国强的大力支持与帮助，在此表示诚挚的谢意。本书的编写参考了大量的技术资料，在此向这些资料的作者表示感谢。

鉴于信息技术日新月异，本书内容可能存在描述不完整等问题，我们衷心期待各界专家、学者、专业技术人员、教师和读者提出宝贵意见与建议，以便改版时纠正。

编者联系邮箱：825709698@qq.com。

编者

2024 年 1 月

目　　录

项目1 信息安全

随着计算机技术和网络技术的发展和普及，互联网已进入千家万户，计算机信息的应用与共享日益广泛和深入，为人类社会带来了巨大的变化。但是，计算机信息的安全问题也日益突出，面临着巨大挑战，安全事件也不断发生，情况越来越复杂，给国家、企业、个人的利益带来极大的危害，并造成巨大的经济损失。因此，社会对信息安全技术的需求越来越迫切。本项目介绍信息安全领域的基本知识，能够帮助读者了解信息安全技术全貌，掌握维护计算机信息系统安全的常用技术和手段，解决计算机信息系统的基本安全问题，使读者全面认识信息安全体系。

知识框架

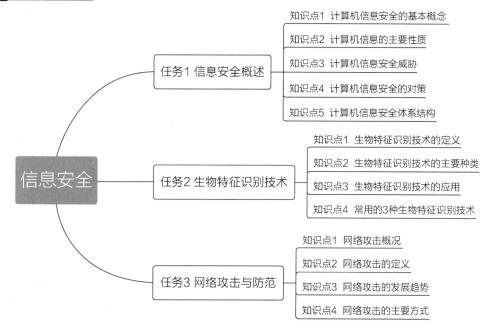

任务 1　信息安全概述

任务导入

　　从大的方面来说，计算机信息安全已经威胁到国家的政治、经济、军事、文化、意识形态等领域；从小的方面来说，计算机信息安全涉及个人隐私和私有财产的安全。通过本任务的学习，使读者对计算机信息安全有一个全面的认识和理解。

学习目标

　　（1）掌握计算机信息安全的基本概念和基本知识。
　　（2）掌握计算机信息安全的特性。
　　（3）掌握计算机信息安全威胁。
　　（4）了解计算机信息安全对策。

任务实施

　　1. 计算机信息安全的基本概念

　　（1）数据与信息。在计算机领域，数据是指对客观事物的具体描述，描述数据的形式有文字、图片、图像、声音、视频等形式。数据不一定有价值，只有经过加工和提炼的数据据才能称为信息，信息一定有价值。

　　（2）信息。信息是指对客观事物的精确描述。虽然不同行业、不同部门、不同专家对信息的定义略有不同，但是我国信息论专家钟义信教授对信息的定义已得到普遍认可。他对信息的定义如下："事物运动的状态和状态变化方式，并通过引入约束条件对信息进行完整和准确的描述。"

　　（3）消息与信息。消息是指对客观事物的笼统描述，消息是信息的外壳，信息是指消息的内核。消息是指对信息的模糊的、笼统的、不准确的描述，信息是指对消息的清晰的、具体的、精确的描述。消息一般是通过非正常渠道发布的，而信息一般是通过正常渠道发布的。

　　（4）信号与信息。信号是承载信息的载体，如手机信号、电视信号、广播信号、报纸、网络等，信息是信号所承载的内容。

　　（5）情报与信息。情报通常指秘密、专门、新颖的一类信息，具有很高的价值。情报就是信息，但信息不一定成为情报。

（6）知识与信息。知识是指信息的抽象内容，是被验证过的、正确的、被人们相信的信息，是人类对物质世界及精神世界探索的结果总和。因此，知识具有普遍性和概括性。知识就是信息，但信息不一定成为知识。

2. 计算机信息的主要性质

（1）普遍性。信息来源于物质和物质运动。只要存在物质和物质运动，就会产生信息。在我们生活的世界，运动及运动变化是绝对的，静止是相对的，因此信息具有普遍性。

（2）识别性。人们通过各种手段和方式直接或间接感受客观事物的特征及变化，找出其中的差异。例如，用眼睛看，用耳朵听，用鼻子闻，用舌头品尝，用各种仪表仪器测量。因此，信息具有识别性。

（3）存储性。信息不仅来源于物质和物质运动，也来源于意识，但信息可以脱离物质和意识独立存在，并可以把信息保存起来。保存信息的载体有书籍、报纸、杂志、存储介质等。

（4）处理性。人们通过各种手段和方式对信息进行处理，获得所需要的信息。根据不同的目的对信息进行筛选、分析、整理、控制和使用。处理后的信息便于信息的查询、传输、存储和共享等。

（5）时效性。信息具有较强的时效性。信息获得越早、传输得越快，其价值越高。随着时间的推移，其价值逐渐衰弱直到消失。

（6）共享性。信息可以被不同的国家、地区、公司、企业或个人等实体利用。例如，互联网中的一条信息、一幅画、音乐或小视频等可以被多个企业、单位或个人共享。

3. 计算机信息安全威胁

为保证计算机信息的安全，首先要了解信息存储、传输、处理等方式，然后要了解信息面临的安全威胁，以便对信息安全做出正确的判断和决策。

影响计算机信息安全的因素比较多，目前计算机信息面临的安全威胁一般分为自然威胁和人为威胁两种。

1）自然威胁

自然威胁是指在自然环境中对人类生命安全和财产构成危害的极端事件，自然威胁一般包括自然灾害、恶劣的工作环境、物理损坏和设备故障。

（1）自然灾害。自然灾害包括地震、闪电、火山喷发、火灾、水灾、风灾等会破坏计算机信息的传输和存储，甚至会对计算机造成灾难性和毁灭性的损害。一旦发生自然灾害计算机信息就很难恢复或无法恢复，因此要采取各种方法和措施，做好防范。

（2）恶劣的工作环境。计算机是一种非常精密的电子设备，对工作环境要求很高。如果其所处的工作环境比较恶劣，就容易发生故障，轻则造成计算机不能正常工作，重则造成严重的软硬件损坏。影响较大的环境因素有温度、湿度、振动、粉尘和电磁干扰。

（3）物理损坏。物理损坏是指肉眼可见的计算机物理损坏，如意外的外力造成的计算机破损。

（4）设备故障。设备故障是指设备失去或降低其规定功能的事件或现象，表现为设备的某些零件失去原有的精度或性能，使设备不能正常运行、技术性能降低，致使设备中断生产或效率降低而影响生产。

2）人为威胁

人为威胁是指因操作者的能力缺陷或操作失误或黑客的恶意攻击而引起的信息安全事故或事件，这类威胁会造成信息被篡改、假冒或泄露等，甚至会带来巨大的经济损失。人为威胁分为无意威胁和有意威胁。

（1）无意威胁。无意威胁主要由操作者的操作失误和能力缺陷造成。操作失误是指操作者不小心或误操作。能力缺陷指因操作者的编程经验不足、水平有限、维护能力不足而造成的事故，这是没有明显恶意企图的偶然事故。为了预防无意威胁，操作者应当通过自我学习或参加培训等形式提高自己的能力和水平。

（2）有意威胁。有意威胁来自有目的的恶意攻击，这种攻击可以分为主动攻击和被动攻击。主动攻击是指以各种方式有选择性地破坏数据；被动攻击是指在不干扰计算机系统正常工作的情况下，进行截获、窃取、破译和电磁泄漏等。为了预防有意威胁，应该为计算机系统建立立体式的安全体系，提高计算机系统预防各种各样的恶意攻击的能力。

在人为威胁中，无意威胁危害性相对较小，有意威胁危害性相对较大。

4. 计算机信息安全的对策

为了应对计算机信息安全问题，应该建立一个立体式的计算机信息安全体系，包括技术保障、管理保障和人员保障。

1）技术保障

为了应对各种各样的计算机攻击事件，减少对计算机的攻击行为，提高计算机预防各种各样攻击行为的能力，通常采用以下对策。

（1）在网络边界部署防火墙和入侵检测系统。

（2）安装计算机病毒查杀软件。

（3）引入审计系统，及时审计网络活动。

（4）加强网络访问控制。

（5）对信息的存储和传输进行加密。

（6）认证技术。

2）管理保障

为了保障计算机信息的安全，应加强管理。只有加强管理，才能有效地确保计算机信息的安全。因此，加强对计算机信息的管理是非常必要的，通常采用以下措施。

（1）制定各种管理制度，确保信息安全。

（2）建立一个标准的安全事件响应流程。

（3）建立一个标准的突发安全事件响应流程。

3）人员保障

人员保障是保障计算机信息安全的最后一道防线，如果人员保障不到位，或者人员没

有很好地完成自己的职责，或者员工相互之间没有很好地配合工作，就会给整个单位、公司或组织带来更大的安全威胁。为了有效建立人员保障，通常采用以下措施。

（1）组建计算机信息安全运行维护队伍。

（2）建立应急响应小组。

（3）对员工进行安全意识培训。

（4）建立与信息安全相关的奖惩机制。

5. 计算机信息安全体系结构

为了维护计算机信息安全，1989 年 12 月，国际标准化组织颁布了 ISO 7498-2 标准。这个标准明确了计算机信息安全体系结构，主要规定五类安全服务和八类安全机制。

1）安全服务

（1）实体认证安全服务。

（2）访问控制安全服务。

（3）数据保密性安全服务。

（4）数据完整性安全服务。

（5）抗抵赖性。

2）安全机制

（1）加密安全机制。

（2）数字签名安全机制。

（3）访问控制安全机制。

（4）数据完整性安全机制。

（5）实体认证安全机制。

（6）路由控制安全机制。

（7）公正安全机制。

（8）业务填充安全机制。

课 后 习 题

（1）简述计算机信息的主要性质。

（2）简述计算机信息安全威胁分类。

（3）简述计算机安全体系结构。

任务2　生物特征识别技术

 任务导入

　　为了防止非法访问、非法篡改、假冒伪造等计算机信息安全问题，认证技术在生活中各个方面得到了普及，生物特征识别技术是认证技术中非常重要的方法之一。生物特征识别技术是指把计算机与光学、声学、生物传感器和生物统计学原理等科技手段密切结合，利用人体固有的生理特性和行为特征进行个人身份鉴定的一种技术。通过本任务的学习，使读者对生物特征识别技术有一个全面的认识和理解。

学习目标

　　（1）了解生物特征识别技术的定义。
　　（2）掌握生物特征识别技术的种类。
　　（3）掌握指纹识别技术。
　　（4）掌握虹膜识别技术。

任务实施

　　1. 生物特征识别技术的定义

　　生物特征识别技术是指利用人体唯一的、可以测量或可自动识别和验证、遗传性或终身不变等固有特征进行身份认证的一种技术。

　　2. 生物特征识别技术的主要种类

　　（1）指纹识别技术。
　　（2）虹膜识别技术。
　　（3）语音识别技术。
　　（4）面孔识别技术。
　　（5）掌纹识别技术。
　　（6）手形识别技术。

3. 生物特征识别技术的应用

（1）该技术在刑事案件中作为侦察和鉴定的重要手段。

（2）该技术在企业安全、企业管理中有着广泛的应用。

（3）该技术在政府、军队、银行、社会福利保障部门、电子商务、安全防务、签证等方面都有应用。

4. 常用的3种生物特征识别技术

1）指纹识别

指纹是指人的手指末端正面皮肤上凸凹不平的纹线。这些纹线有规律地排列成不同的纹型。纹线的起点、终点、结合点和分叉点称为指纹的细节特征点。指纹识别是指通过比较不同人的指纹细节特征点进行鉴别。除了每个人的指纹不同，同一个人的十指指纹也有明显区别。因此，指纹可用于身份鉴别。指纹识别技术是目前最成熟且成本较低的生物特征识别技术，该技术应用最广泛，不仅在门禁、考勤系统中都用到指纹识别技术，还有更多指纹识别技术应用场合，如笔记本电脑的开机、手机的开机、汽车的启动、银行支付都可应用指纹识别技术。

（1）指纹识别的过程。

① 集取。利用指纹扫描仪采集指纹图像及其相关特征。

② 演算。运用程序对指纹图像及相关特征进行运算和统计，找出该指纹中具有所谓"人人不同且终身不变"的相关特征点并将其数位化。

③ 传输。在计算机上运用各种方式传输数位化的指纹特征，在传输过程中均保留"人人不同且终身不变"的特征。

④ 验证。对传输过来的数据进行运算验证，验证其与资料库中比对资料的相似程度。

（2）指纹识别技术的主要优点。

① 指纹是人体独一无二的特征，并且它们的复杂度足以提供用于鉴别的特征。

② 如果要增加可靠性，只需登记更多的指纹、鉴别更多的手指，最多可达10个，而每个指纹都是独一无二的。

③ 指纹扫描速度很快，使用非常方便。

④ 接触是读取人体生物特征最可靠的方法。

（3）指纹识别技术的主要缺点。

① 某些人或某些群体的指纹特征少，难以成像。

② 过去因为在犯罪记录中使用指纹，使得某些人害怕"将指纹记录在案"。

2）虹膜识别

虹膜是位于人眼表面黑色瞳孔和白色巩膜之间的圆环状区域，在红外线下呈现出丰富的纹理信息，如斑点、条纹、细丝、冠状、隐窝等细节特征。虹膜从婴儿胚胎期的第3个月起开始发育，到第8个月虹膜的主要纹理结构已经成形。除非经历涉及眼睛的外科手术，此后虹膜几乎终生不变。虹膜识别是指通过对比虹膜图像特征之间的相似性确定人的身份，

其核心是使用模式识别、图像处理等方法对人眼的虹膜特征进行描述和匹配，从而实现自动的个人身份认证。英国国家物理实验室的测试结果表明，虹膜识别是各种生物特征识别方法中错误率最低的。从普通家庭门禁、单位考勤到银行保险柜、金融交易确认，应用后都可有效简化通行验证手续、确保安全。如果手机上加载过"虹膜识别"程序，即使手机丢失也不用担心信息泄露。机场在通关安检中采用虹膜识别技术，将缩短通关时间，提高安全等级。

（1）识别过程。虹膜识别过程一般包含以下 4 个步骤。

① 虹膜图像获取。使用特定的摄像器材对人的整个眼部进行拍摄，并将拍摄到的图像传输给虹膜识别系统中的图像预处理软件。

② 图像预处理。对拍摄到的虹膜图像进行如下处理，使其满足提取虹膜特征的需求。

a. 虹膜定位。确定内圆、外圆和二次曲线在图像中的位置。其中，内圆为虹膜与瞳孔的边界，外圆为虹膜与巩膜的边界，二次曲线为虹膜与上下眼皮的边界。

b. 虹膜图像归一化。将图像中的虹膜大小调整到虹膜识别系统设置的固定尺寸。

c. 图像增强。针对归一化后的图像，进行亮度、对比度和平滑度等处理，提高图像中虹膜信息的识别率。

③ 特征提取。采用特定的算法从图像中提取出虹膜识别所需的特征点，并对其进行编码。

④ 特征匹配。将特征提取得到的特征编码与数据库中的虹膜图像特征编码逐一匹配，判断是否为相同虹膜，从而达到身份鉴别的目的。

（2）虹膜识别技术的优点。

① 不容易被伪造。

② 虹膜纹理结构复杂，特征多，它是最可靠的生物特征识别技术。

③ 通过非接触式获取，可以避免疾病传播。

（3）虹膜识别技术的缺点。

① 很难将图像获取设备的尺寸小型化。

② 设备造价高，无法大范围推广。

③ 镜头可能产生图像畸变而使可靠性降低。

3）手形识别技术

（1）特点。可通过手形识别系统采集手指的三维立体形状进行身份鉴别，由于手形特征稳定性高，不易随外在环境或生理变化而改变，因此手形识别技术使用方便，在过去的几十年中获得了广泛的应用。美国所有军事机关、90%以上的核电站均使用手形识别设备构成门禁系统，以保证重要场所的安全；在 1996 年奥运会上，手形仪在美国亚特兰大奥运村使用，接受了 6.5 万多人注册，处理了 100 多万人次的进出记录。

（2）手形识别技术的主要类型。

① 扫描整个手形的技术。

② 扫描单个手指的技术。

③ 扫描食指和中指两个手指的技术。

通常，扫描整个手形的手形仪称为掌形机或掌形仪，扫描两个手指的手形仪称为指形机。

（3）手形识别特性。

① 识别唯一性。手形识别是成熟的生物特征识别技术，其最大的特点是识别唯一性。也就是说，只有合法用户本人的手指才能被识别和允许通过。在现有的科技条件下，无法仿造出人的手指的三维特征，这可以杜绝因钥匙和 IC 卡被盗用或密码被破解而导致他人非法进入场所的现象。

② 安全性。手指与指形机的接触面积比较小，甚至小于公共场所的门把手，只要保证定期清洁门把手，其细菌传播的可能性很小。

③ 方便性。指形机提供多种接口，可与刷卡机、打印机、调制解调器、网络设备等相连接，可作为前端系统和各种应用系统集成综合的网络管理系统。

④ 可靠性。除了军事机构，指形机类产品还广泛应用于银行、大学、俱乐部、医院、度假村等场所。由指形机组成的考勤系统也在制造业、服务业、健康护理业和零售业获得了广泛应用。

课 后 习 题

（1）简述生物特征识别技术的种类。
（2）简述生物特征识别技术的应用。
（3）简述指纹识别技术的识别过程。
（4）简述虹膜识别技术的优缺点。

任务3　网络攻击与防范

 **任务导入**

互联网系统不仅包含服务器、终端、安全设备、交换机和路由器，而且包括各种操作系统、服务器软件、数据库系统和各种应用软件。要想对互联网中系统任何一部分做到十分完善的防护，非常困难，任一部分的小疏漏可能导致安全漏洞，给攻击者可乘之机，造成安全威胁，带来严重后果。因此，网络安全已成为人类面临的共同挑战。只有全面了解网络攻击的方式和发展趋势，才能做好防范工作。

学习目标

（1）了解网络攻击概况。
（2）理解网络攻击的定义。
（3）掌握网络攻击的方式和发展趋势。
（4）掌握网络防范方式。

任务实施

1. 网络攻击概况

网络系统的开放性使软件系统和网络协议存在安全缺陷，因此网络系统不可避免地或多或少存在安全隐患和风险。网络给人们带来方便的同时，也面临着巨大挑战，黑客攻击、病毒攻击、非法获取情报和信息等给网络信息安全造成严重威胁。在防御严密的美国国防部五角大楼，每年都有成千上万的非法入侵者侵入其内部网络系统。在我国，网络业务提供商（ISP）、证券公司、银行也多次被国内外黑客攻击。2017年2月，伊朗布什尔核电厂启用后发生连串故障，真正原因是该核电厂遭受计算机病毒控制。多名国际计算机保安专家都发现一种专门攻击核电站的超级计算机病毒，该病毒被形容为全球首个"计算机超级武器"或"计算机聪明炸弹"，该事件标志着全球踏入"计算机战争"时代。

2. 网络攻击的定义

网络攻击是指网络攻击者通过网络对计算机或其他网络设备进行的非授权访问或访问尝试。无论其成功与否，都被当成网络攻击。

3. 网络攻击的发展趋势

（1）网络攻击自动化程度和攻击速度提高。
（2）用于网络攻击的攻击工具越来越复杂。
（3）网络攻击发现软件和系统漏洞发展越来越快。
（4）网络攻击呈现不对称威胁。
（5）网络攻击基础设施面临的威胁越来越大。

4. 网络攻击的主要方式

1）探测攻击
探测攻击是指黑客通过扫描允许连接的服务端口和开放端口，能够迅速发现目标主机端口分配情况，以及所提供的各项服务和服务程序版本号，找到有机可乘的服务端口后进行攻击。

2）网络监听
网络监听是指通过一种管理工具监视网络状态、数据流程以及网络上信息传输，该工具可以将网络界面设定成监听模式，并且可以截获网络上所传输的信息。网络监听的检测方式如下：
（1）采用 ARP 技术进行检测。
（2）采用 DNS 技术进行检测。
（2）通过测试网络和主机的响应时间进行检测。

3）缓冲区溢出攻击
缓冲区溢出攻击是一种渗透式攻击方法。攻击者主要利用程序设计上的缺陷实施缓冲区溢出攻击，其目的是通过缓冲区溢出执行一些恶意代码，获得计算机中的一个系统的控制权，为实施进一步的攻击提供基础。

4）欺骗攻击
欺骗攻击是指利用 TCP/IP 和操作系统等协议本身的安全漏洞进行攻击。这些攻击包括 IP 欺骗攻击、DNS 欺骗攻击、Web 欺骗攻击等。

5）特洛伊木马程序
（1）特洛伊木马程序原理。一个完整的木马系统由硬件部分、软件部分和具体连接部分组成。
① 硬件部分是指建立木马连接所必需的硬件实体。
控制端：对服务端进行远程控制的一方。
服务端：被控制端远程控制的一方。
INTERNET：控制端对服务端进行远程控制和数据传输的网络载体。
② 软件部分是指实现远程控制所必需的软件程序。
控制端程序：用于远程控制服务端的程序。
木马程序：潜入服务端内部，获取其操作权限的程序。

木马配置程序：用于设置木马程序的端口号、触发条件、木马名称等，使其在服务端隐藏得更好的程序。

③ 具体连接部分是指通过 INTERNET 在服务端和控制端之间建立一条木马通道所必需的元素。

控制端 IP 和服务端 IP：控制端和服务端的网络地址，也是木马进行数据传输的目的地。

控制端端口和木马端口：控制端和服务端的数据入口。通过这个入口，数据可直达控制端程序或木马程序。

（2）特洛伊木马程序入侵方法。

① 诱使用户执行特定程序，实现特洛伊木马程序的安装。

② 通过电子邮件入侵。

③ 在软件源代码中加入恶意代码。

④ 通过网页传播。

（3）特洛伊木马程序攻击步骤。

① 配置木马程序。

② 传播木马程序。

③ 启动木马程序。

④ 建立连接。

⑤ 远程控制。

（4）特洛伊木马程序的预防方法。

① 不要轻易运行来历不明和从网上下载的软件。

② 保持警惕性，不要轻易相信熟人发来的 E-mail 就一定没有黑客程序。

③ 不要在聊天室内公开你的 E-mail 地址，对来历不明的 E-mail 应立即清除。

④ 不要将重要口令和资料存放在联网的计算机中。

课 后 习 题

（1）常见网络攻击方式有哪些？

（2）特洛伊木马程序攻击步骤有哪些？

项 目 小 结

本项目主要讲解的内容如下：信息的定义、信息的特征，信息与数据、信号、知识、情报、消息的区别及联系，计算机信息安全的威胁分类和防范，计算机信息安全对策和计算机安全体系结构；网络攻击的定义、网络攻击的方式和特点、网络的防范方法；生物特征识别技术的定义，生物特征识别技术的种类与生物特征识别技术的应用，包括指纹识别技术、手形识别技术和虹膜识别技术等，以及它们的实际应用。

树立安全意识　共筑安全长城

信息安全非常重要，信息安全不仅是技术问题，也是一种社会责任，更是一种爱国情怀，我们要树立人人维护国家安全和信息安全的社会意识和责任。

案例 1：张同学收到某银行官方号码"95×××"发来的短信，提示她银行卡积分将于近期到期，建议尽快登录某网站兑换礼品，并附上了网站链接。张同学完全没有质疑该网址的可靠性，直接通过手机登录，并按照要求输入了个人信息、账号及密码。不久，她就收到某银行发来的短信，提示她的银行卡被取现 4000 元。因此，大家要有自我保护和防范意识，不要轻易单击可疑短信中的链接；对本人手机收到的获奖等信息，应当搜索官方渠道确认后再进行操作。

案例 2：李某的房子租给了一个外国人，然而，他从未见到有人入住。一次偶然的机会，李某发现他的出租屋内总是发出诡异的绿光，这引起了他的警觉。他感觉到情况非常可疑，于是毫不犹豫地拨打了国家安全机关的举报电话。国家安全机关迅速行动，派遣了一支专业的侦查队伍前往李某的出租屋进行调查。经过仔细搜寻，侦查员们终于发现了隐藏在暗处的窃听窃照设备。这些设备正对着小区对面的某海军基地，该基地承担着我国多项重要的军事任务。在李某出租屋安装了窃听窃照设备的人企图通过这些设备，远距离观测我国海军基地的活动，窃取我国的军事机密。在李某的主动配合下，国家安全机关成功地破获了这起境外间谍情报机关窃取我国军事机密的案件。国家安全机关不仅摧毁了这些窃听窃照设备，还顺藤摸瓜，一举打掉了这个长期潜伏在我国的间谍网络。这一行动的成功，为国家安全机关赢得了宝贵的时间和主动权，有效地捍卫了我国的国家安全。因此，维护国家安全是所有人的责任。

自　测　题

一、选择题

（1）具有秘密的、新颖的、专门的一类信息是（　　　）。

  A. 信号　　　　　　B. 情报　　　　　　C. 知识　　　　　　D. 数据

（2）下列不是信息特性的是（　　　）。

  A. 普遍性　　　　　B. 识别性　　　　　C. 传输性　　　　　D. 目的性

（3）下列不是计算机信息安全的对策的是（　　　）。

  A. 安全保障　　　　B. 管理保障　　　　C. 人员保障　　　　D. 技术保障

（4）常用数据备份策略的是（　　）。

    A. 完全备份　　　　　　　　　　B. 增量备份

    C. 差分备份　　　　　　　　　　D. 以上全是

（5）在数据库服务停止时进行的备份（　　）。

    A. 冷备份　　　　　　　　　　　B. 热备份

    C. 逻辑备份　　　　　　　　　　D. 本地备份

（6）把明文转换成密文的过程称为（　　）。

    A. 加密　　　　　　　　　　　　B. 解密

    C. 压缩　　　　　　　　　　　　D. 解压

（7）密码技术获得巨大发展的阶段是（　　）。

    A. 第一阶段　　　　　　　　　　B. 第二阶段

    C. 第三阶段　　　　　　　　　　D. 第四阶段

（8）关于对称密码体制说法正确的是（　　）。

    A. 加密方和解密方可以使用不同的算法

    B. 加密密钥和解密密钥可以是不同的

    C. 加密密钥和解密密钥必须是相同的

    D. 密钥的管理非常简单

（9）在生物特征识别技术中不属于指纹识别技术特征的是（　　）。

    A. 唯一性　　　　　　　　　　　B. 可识别性

    C. 数字化性　　　　　　　　　　D. 遗传性

（10）下列属于生物特征识别技术的是（　　）。

    A. 指纹　　　　　　　　　　　　B. 手形

    C. 语音　　　　　　　　　　　　D. 以上全是

（11）下列不属于虹膜识别技术特点的是（　　）。

    A. 结构复杂　　　　　　　　　　B. 非接触式

    C. 不易伪造　　　　　　　　　　D. 避免感染疾病

（12）利用 TCP/IP 协议等本身的安全漏洞而进行的攻击行为包括（　　）。

    A. 探测攻击　　　　　　　　　　B. 网络监听

    C. 欺骗攻击　　　　　　　　　　D. 特洛伊木马程序攻击

（13）网络攻击应对策略包括（　　）。

    A. 提高安全防范意识　　　　　　B. 安装防病毒软件

    C. 对个人资料严加保护　　　　　D. 以上全是

（14）非对称密码体制说法正确的是（　　）。

    A. 公钥用于解密　　　　　　　　B. 私钥用于加密

    C. 公钥与私钥之间有紧密联系　　D. 公钥与私钥之间没有联系

（15）以各种方式有选择性地破坏数据攻击方式包括（　　）。

    A. 主动攻击　　　　　　　　　　B. 被动攻击

    C. 探测攻击　　　　　　　　　　D. 欺骗攻击

二、填空题

（1）消息是信息的外壳，信息是消息的_____。

（2）计算机的自然威胁主要有恶劣的工作环境、物理损坏、设备故障和_____等。

（3）计算机常用备份策略是完全备份、增量备份和_____。

（4）数据备份和恢复常用工具有 Second Copy 2000、EasyRecovery、_____。

（5）密码系统由 5 个部分组成，分别是明文、密文、_____、加密算法和解密算法。

（6）把密文转换成明文的过程称为_____。

（7）生物特征识别技术包括_____、_____、_____等。

（8）指纹识别过程包括集取、_____、传输和验证。

（9）欺骗攻击包括 IP 欺骗攻击、DNS 欺骗攻击、_____等。

（10）网络攻击步骤是隐藏自己的位置、寻找目标主机并分析目标主机、_____、_____、_____。

三、名词解释

（1）信号。

（2）数据备份。

（3）密码学。

（4）生物特征识别技术。

（5）网络攻击。

四、判断题（对正确的，打√；对错误的，打×）

（1）信息的特征之一增值性。   （　　）

（2）自然威胁的共同特点是突发性、自然性和非针对性。   （　　）

（3）完全备份是最全面、最完整的备份，花费时间较长，占用空间较大。   （　　）

（4）在没有出现硬件故障（物理故障）时是可以恢复绝大多数数据的。   （　　）

（5）密码解密原则之一是破译密码时间可以不受限制。   （　　）

（6）密码学在当代虽然一门科学，但同时也是一门艺术。   （　　）

（7）语音识别技术不可以进行声音与文字之间的转换。   （　　）

（8）指纹主要用于身份鉴别。   （　　）

（9）网络攻击是危害计算机信息安全的重要手段。   （　　）

（10）RSA 算法是非对称密码体制的典型算法之一。   （　　）

五、简答题

（1）简述计算机信息安全的对策。

（2）有哪些生物特征识别技术？

（3）生物特征识别技术过程有哪些步骤？

（4）手形识别技术的特征有哪些？

（5）网络攻击主要有哪些方式？

六、实践题

（1）利用 Ghost 练习对磁盘进行备份和还原。

（2）利用语音软件进行语音和文字之间的转换。

（3）在自己的手机上，设置用指纹打开锁屏状态。

项目2 项目管理

项目导读

　　项目是很多单位的重要活动，很多员工都会参与项目竞标、中标、立项、建设、运作、管理、竣工、验收、评审、总结等活动，为项目的顺利推进出谋划策，为企业的健康发展努力工作。为此，大学生需要掌握项目的概念、特征和全过程，掌握项目管理的概念、特征、分类和范围、方法，为以后参与项目打下坚实的基础。

知识框架

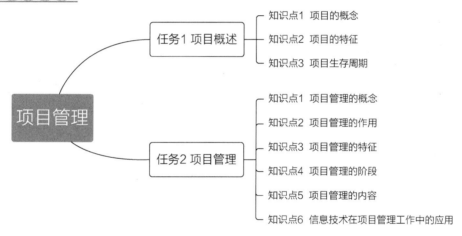

任务 1 项目概述

任务导入

项目在实际工作中极其常见，也是单位的重要活动。项目一般比较复杂，会涉及很多部门、很多人员、很多事情。本任务介绍项目的有关知识。

学习目标

（1）掌握项目的概念。
（2）了解项目的特征。
（3）了解项目的全过程。

任务实施

不同行业对项目的具体定义可能不同，但是，项目有共性。本书介绍的项目主要指单位近期的主要活动或重要活动，这些活动一般以盈利为目的，需要很多部门和人员参与运作。

1. 项目的概念

一般情况下，项目需要动员单位部分或全部员工，运用各种方法，将人力、物力和财力等众多资源整合起来，根据商业模式的相关流程安排活动，进行独立一次性或长期无限期的工作任务，以期达到由数量和质量指标所限定的目标。

简而言之，项目是指一系列独特、复杂并相互关联的活动，这些活动有着一个明确的目标或目的，必须在特定的时间、预算、资源限定范围内，依据规范完成。下面列举几个重大项目。

图 2-1 所示的"中国天眼"是我国重点项目之一，属于国家重大科技基础设施，它是我国具有自主知识产权、用于探索宇宙的单口径球面射电望远镜。这个 500 米口径球面射电望远镜位于中国贵州省黔南布依族苗族自治州境内，2011 年 3 月 25 日动工，2016 年 9 月 25 日进行启动仪式，该科技基础设施进入试运行、预调试工作，2020 年 1 月 11 日通过国家验收，正式开放运行。

第十四届全国运动会（简称全运会）于 2021 年在陕西省举办，围绕第十四届全运会的项目数不胜数，其中，主场馆是省级重点项目，如图 2-2 所示。

图 2-1　国家重点项目——"中国天眼"

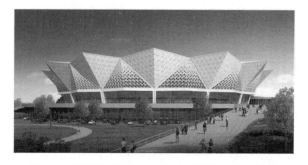

图 2-2　省级重点项目——第十四届全运会主场馆

该项目的主要建设内容包括一个能容纳 60000～80000 人的主体育场、一个能容纳 1～1.2 万人的综合性（主）体育馆、一个能容纳 5000～6000 人的跳水游泳中心。此外，还有奥体指挥运营中心和新闻媒体中心，以及配套建设项目——全运村、全运湖、全运公园、西安体育培训基地和健康运动小镇等。

图 2-3～图 2-5 为地铁建设项目、软件开发项目、建筑工程项目。

图 2-3　地铁建设项目

U8+
ERP企业管理软件
精细管理 敏捷经营 快速应用

图 2-4　软件开发项目

图 2-5　建筑工程项目

2．项目的特征

项目的特征包括临时性、目标性、独特性、渐进明晰性、约束性、系统性（整体性）、多变性、相对重要性、冲突性、特定委托性等。

1）临时性

临时性也称为"一次性"，即项目是一次性完成的，不能推倒重来，如修建商品房、开发软件等。即使返工，也是在前期工作的基础上继续进行的。

临时性并不意味着项目周期短，持续几年甚至几十年的大型项目也很多，如修建地铁和高速公路等。项目的临时性也不意味着项目成果是临时的，一般情况下，项目完成后所创造的成果都是持久的，或交付客户使用，或纳入企业日常运营。临时性是指项目有明确的起点和终点。

2）目标性

每个项目都有明确的目标，这也是项目验收的标准。当然，项目的目标性可能会有更多的外延。例如，修建地铁的外延目标之一就是方便市民出行，开发软件的外延目标之一就是解决需求，提高用户工作效率。

3）独特性

独特性是指每个项目都是独一无二的，独特性包括项目交付成果的独特性和项目实施过程的独特性。正因为项目是独特的，所以它有很多不确定性或风险。规避风险才有可能盈利，因此项目风险管理成为项目管理的重中之重。

4）渐进明晰性

项目的渐进明晰性是指项目实施过程和成果性目标是逐步完成的，逐渐明晰的。因为项目的产品、成果和服务事先是不可准确预见的，在项目前期只能粗略地进行项目定义。在项目实施过程中，项目信息不断增加，不断完善和精确。渐进明晰性意味着在项目实施过程中一定会有修改，产生相应的变更，因此需要对变更情况进行控制。

5）约束性

项目在实施过程中，肯定要耗用人力、财力、物力等资源，但是，对于特定项目，可以使用的资源是有限的，这就是项目的约束性。项目的约束性还包括在项目实施过程中必须遵守的规则。

6）系统性（整体性）

项目一般要经过招标、竞标、中标、立项、建设、运作、管理、竣工、验收、评审、总结等阶段，因此项目是一个整体，具有系统性或整体性，不能半途而废。

7）多变性

当今社会，外界因素瞬息万变，这些变化着的因素会影响项目的进行，导致项目发生变化。项目管理就是使项目在变化且复杂的环境中按既定的目标进行，项目经理的任务就是整合资源，化解难题，带领团队顺利实施项目。

8）相对重要性

项目是一个单位的重点工作，一般要集中人力、物力、财力，确保项目顺利进行。项目经理一般由项目实施单位的技术能手、管理精英担任，项目团队成员也是精兵强将。

9）冲突性

对一个单位甚至一个国家来说，资源总是有限的。实际情况是，可能会有几个项目同时进行，这就会出现冲突，项目之间会争夺资源。这时，项目总经理（管理所有项目）等负责人就要统筹兼顾，合理分配资源，确保所有项目都能有序、顺利地进行。

10）特定委托性

项目合同约定的甲方是项目结果的需求方，一般也是出资方，也是委托方。甲方可以是个人，也可以是法人机构，甚至可以是相互合作的团体，他们共同的特征就是对项目的成果具有相同的需求。乙方是建设方、开发方或供应方。当然，在实际应用中，项目关系可能很复杂，但是，一般都有特定的委托人。

此外，项目有大有小，实施时间有长有短，投资有多有少。总之，项目的特征不止上面介绍的几种。

3. 项目生存周期

项目生存周期大致包括招标、竞标、中标、立项、建设、运作、管理、竣工、验收、

评审、总结等阶段。

1）招标

招标是从客户（在签订合同后客户也称为甲方或委托方）角度来说的。客户有建设项目或采购材料等需求，为了取得更高的性价比和更优质的服务，以及为了公平和公正，一般都要公开招标。

招标时，客户向社会公开声明自己的需求和条件，邀请符合条件的供应方（在签订合同后供应方也称为乙方、开发方或建设方）竞标。招标有严格的流程和时间限制。

具体地说，招标是一个招标投标行业术语，是指招标人（买方）事先发出招标通告或招标单，介绍需要采购或建设的品种、数量、技术要求和有关的交易条件，在规定的时间、地点，邀请投标人（卖方）参加投标的行为。招标是公开的。

2）竞标

竞标是指符合条件的单位携带事先整理好的竞标资料在规定时间内参与竞标，竞标单位至少 3 家。竞标应在公平、公正和公开的条件下进行。只有这样，才能使客户对供应方有一个比较客观的了解，以便判断哪一个供应方更适合自己，从而选择更为优秀的合作方。竞标也有严格的流程和时间限制。

3）中标

中标是指供应方通过竞标争取到项目，中标以后就要在规定的时间内与招标方签订合同，履行相应的职责。中标是指招标人向经评选的投标人发出中标通知书，并在规定的时间内与之签订书面合同的行为。中标人的投标应当符合下列条件之一：

（1）能够最大限度地满足招标文件中规定的各项综合评价标准。

（2）能够满足招标文件的实质性要求，并且经评审的投标价格最低，但是投标价格低于成本的除外。

4）立项

立项是指确立项目，成立项目组，选举项目经理等领导；确立项目计划，筹措资源，进入实施阶段。

立项特指建设项目已经获得政府投资计划主管部门的行政许可，可以进入项目实施阶段。投资项目管理分为审批、核准、备案。其中，审批一般又分为项目建议书、可行性研究报告、初步设计，立项就是指政府投资计划主管部门已批准项目的建议书。

5）建设、运作、管理

这一阶段是项目的关键，一般是耗时比较长的阶段。可以说，项目管理是决定项目成败的重要因素之一。不同的项目在建设、运作、管理阶段的工作内容不同，管理方式不同，耗时也不同，但是，计划、管理、总结、评审等重大里程碑和最终目标基本一致。

6）竣工、验收、评审、总结

项目竣工标志着项目建设结束，可以进入验收环节。验收一般会涉及三方，即甲方、乙方、中间方。中间方要有一定的资质，要站在公平和公正的角度开展验收工作，中间方还要出具验收结论书面材料，该材料具有法律效力。

在项目的每个阶段都要进行评审，整个项目结束时也要进行评审。评审时，项目组邀

请专家、客户代表、开发或建设方代表等部门和人员召开专题会议。评审的目的是讨论项目阶段性成果，以项目阶段性成果决定能否结束当前工作从而进入下一阶段工作。

在总结阶段，需要总结项目实施过程中的经验教训，表彰先进集体和个人。

上面每个阶段都涉及很多细节，涉及很多知识和学问。这些知识和学问都需要大学生以后在实际工作中不断积累，从而使自己不断成长。

课 后 习 题

（1）简述项目的概念和特征。
（2）简述项目的生存周期。

任务 2 项目管理

 **任务导入**

　　项目能否在复杂多变的环境中健康稳步地推进，取决于项目管理。项目管理的内容涉及范围管理、人员管理、进度管理、成本管理、采购管理、变更管理、质量管理、风险管理、干系人管理和文档管理等方面。

学习目标

　　（1）掌握项目管理的概念。
　　（2）掌握项目管理的作用。
　　（3）掌握项目管理的特征。
　　（4）了解项目管理的阶段。
　　（5）掌握项目管理的内容。

任务实施

　　在项目实施过程中，环境变化莫测。为了让项目在复杂多变的环境中健康稳步地推进，项目管理非常重要。

　　1. 项目管理的概念

　　项目管理是管理学的一个分支学科，是指在项目活动中运用专门的知识、技能、经验、工具和方法，使项目能够在有限资源或限定条件下实现或超过预先设定的需求和期望的过程。项目管理是指对一系列阶段活动的整体监测和管控，包括策划、计划、监控、反馈、调节和总结改进等活动。

　　2. 项目管理的作用

　　项目管理在项目推进中的作用很大。
　　（1）理解认同并贯彻本单位长期和短期的方针与政策，以便指导项目的开展。
　　（2）协调上级政府主管部门，协调专家组，协调第三方，为项目构建健康环境。
　　（3）协调本单位多个项目之间的资源，在合理范围内为当前项目争取更多资源。
　　（4）组织项目组成员整理项目资料，包括但不限于报告书、计划书、评审材料。

（5）利用工具、软件、经验等资源监督项目进程，推动项目按照计划有序地进行。

（6）制定项目组成员的职责、权限、权利和义务，制定相关考核制度，监督成员落实职责和义务。

（7）组织项目组成员完成项目生存周期各阶段工作，完成项目组成员阶段考核。

（8）预测、规避、把控、评估项目风险，转移或消除风险给项目带来的冲击。

（9）监控项目在人力、财力、物力等方面的耗费情况，尽量使项目效益最大化。

（10）监控项目质量，控制项目变更。

（11）组织与项目有关的内外培训工作。

（12）向本单位决策层汇报项目情况，为决策层提供决策依据。

（13）推行梯度管理。若发现问题，则及时沟通解决。

项目经理全面负责项目管理工作，落实上述任务。

3. 项目管理的特征

项目管理的特征可以概括为系统性、过程性、复杂性、目的性、普遍性、特殊性和创新性。

（1）系统性。系统性一方面是指进行项目管理时必须全盘考虑，统筹协调资源；另一方面是指项目管理从头到尾是完整的一次活动，是系统性的，不能半途而废。

（2）过程性。项目生存周期包括很多过程，项目管理相应地也有很多过程，每个过程用到的工具、方法和技术不一定相同。

（3）复杂性。项目管理内容涉及范围管理、人员管理、进度管理、成本管理、采购管理、变更管理、质量管理、风险管理、干系人管理和文档管理等方面，是非常复杂的。

（4）目的性。项目管理的目的就是保障项目顺利进行，争取项目效益最大化。

（5）普遍性。每个项目都是独一无二的，但是，项目管理的目的、思路、方法和技术有相似之处。因此，项目管理具有普遍性。

（6）特殊性。不同行业的项目有很大的差异，甚至同一行业的不同项目也有所不同。项目管理就要针对不同的项目提出不同的、具有特性的管理思路、方法和技术。

（7）创新性。每个项目都是独一无二，每个项目的管理工作不可能一成不变。因此，每次项目管理都具有创新性和挑战性，在管理过程中都会有新的发现和收获。

4. 项目管理的阶段

和项目生存周期对应，项目管理有 4 个阶段，包括 5 个过程。项目管理的 4 个阶段是基于项目生存周期划分的，可以分为概念阶段、规划阶段、实施阶段及结束阶段。

项目管理的 5 个过程构成一个完整项目管理过程的循环，即启动—规划（计划）—执行—监控—收尾。

5. 项目管理的内容

项目管理的内容比较宽泛，非常复杂。项目管理的主要内容包括范围管理、人员管理、

进度管理、成本管理、采购管理、变更管理、质量管理、风险管理、干系人管理和文档管理等方面。

1）范围管理

范围管理主要指界定本项目应该做什么，不应该做什么。或者说，范围管理是指确定哪些功能不是项目组负责的。

在立项阶段，项目范围可能是比较清晰的，但是，项目具有渐进明晰性，随着项目的推进，客户可能会扩大项目范围，提出新的要求。因此，需要项目范围管理，明确界定哪些是本项目该做的，哪些不是本项目该做的。否则，项目范围会逐步扩大，可能使项目成为"无底洞"，造成项目的竣工验收非常困难。

一个好的规避"无底洞"的方法是，在项目需求分析完成以后，根据甲乙双方讨论结果，编制一个项目需求规格说明书。在说明书上尽量详细罗列项目应该完成的任务，然后双方签字。如果条件允许，第三方可作为见证人签字。以后要增加超过项目需求规格说明书的内容，就要走变更流程，不要随意改动项目范围。

2）人员管理

在管理活动中，最难管理的是人员。因为人是有思想、有情绪的个体，所以进行人员管理时，除了需要管理学知识，还需要掌握一些心理学知识。

项目中的人员管理与单位中的人力资源管理有相似之处，涉及项目团队的组建，以及人员沟通、激励、考核、奖惩等方面。

大学生毕业后进入项目团队，要以大局为重，要尊敬团队领导，服从安排，做到事前请示，事中沟通，事后及时汇报；要与团队成员友好相处，自觉抵制不正之风；要主动积极地承担工作，提高效率，提高工作质量，让同事赞许，让领导放心。

3）进度管理

项目都有工期限制，大多数项目的工期都很紧。因此，进度管理（也称为时间管理）非常重要。进度管理是指在有限的资源环境下，合理调用资源，使资源最优化，使项目如期或提前竣工。

进度管理是按制订计划、实施监督、反馈总结这个循环过程进行的，常用的进度管理工具有甘特图（又称为横道图、条状图）、工程网络图等。

4）成本管理

项目成本管理是指确保在批准的预算内完成的项目。具体项目的实施要依靠制定成本管理计划、成本估算、成本预算、成本控制4个过程完成。因此，需要对以上4个过程进行管理。

项目的最终目标之一是盈利，而盈利就意味着合理地降低成本。因此，成本管理也很重要。成本管理涉及财会、金融等方面的知识。

5）采购管理

项目所需要的原材料、半成品、硬件、软件、劳动力等资源可能需要由建设方对外采购。项目采购管理是项目管理中的一个重要部分，有效的项目采购管理是保证项目成功实施的关键环节。如果项目采购不当或管理不善，所采购的产品达不到项目要求，就会影响

项目的顺利实施，还会降低项目的预期效益，甚至导致整个项目的失败。健全的项目采购管理工作可以降低项目成本，避免合同纠纷，保证按期交付并防止贪污浪费。

6）变更管理

变更管理与项目范围有关。随着项目的推进，项目功能越来越清晰，客户可能会对某项功能提出变更需求。当客户提出变更需求时，建设方不能随便答应并实施变更，而要启动变更控制流程，评估客户的变更需求。同意变更需求后，再进入变更环节，否则，就要向客户解释不能变更的原因并婉言拒绝。

7）质量管理

质量是项目的命脉，是企业生存的重要支柱。为了确保项目按照设计者规定的要求完成，需要使整个项目的所有功能活动能够按照原有的质量及目标要求实施。质量管理主要依赖于由质量计划、质量控制、质量保证及质量改进所形成的质量保证系统实现。

质量管理通常由专门的部门或人员负责，参与项目的其他部门要创造条件，配合质量部门或负责人，共同提高项目质量。

8）风险管理

做任何事都存在风险。风险管理的主要任务是预测风险、发现风险、规避风险、化解风险、评估风险，而后总结经验教训。当然，风险不一定是都是坏事，有些风险可能会带来新机遇。

项目的风险管理是指项目风险的识别、分析和应对措施等一系列过程，它包括将积极因素所产生的影响最大化和将消极因素所产生的影响最小化两个方面，主要包括风险识别、风险量化和风险对策。

9）干系人管理

项目干系人是指与项目有关的所有人，一般包括甲方、乙方、投资方、验收方等，各方又包括高层决策人员、中层管理人员和基层工作人员等。因此，项目干系人的管理非常复杂，它还涉及公关方面的知识与技能。

项目干系人管理是指对项目干系人的需要和期望进行识别，并通过沟通以满足其需要、解决其问题的过程。

在项目中一般有两条线，一条是技术线，另一条是管理线，项目管理是综合管理，项目经理一般要精通技术与管理。

10）文档管理

在项目的每个阶段会产生大量的文档资料，文档管理应该和项目同步进行。可以说，文档管理的作用之一就是督促项目组成员及时完成并提交阶段性的文档资料。

6. 信息技术在项目管理工作中的应用

目前，大多数项目越来越庞大，耗时越来越长，各方关系越来越错综复杂，风险越来越多，管理难度越来越大。因此，仅依靠项目经理管理是远远不够的，需要使用计算机管理软件进行管理。

当前，计算机软件技术发展迅速，各类应用软件层出不穷。在项目管理方面，也出现

了很多管理软件，这类软件专门针对项目管理研发，实用性强。

利用管理软件辅助管理项目，可以大大提高管理质量，降低项目风险；还可以减轻项目管理人员的繁重工作。

随着大数据、物联网、云计算、人工智能等新技术的普及应用，项目管理软件必将越来越智能，尤其在成本、质量、进度、风险等方面会发挥惊人的效果。

大学生应该熟悉计算机软件开发过程，精通应用软件操作，为将来就业打好基础。

课 后 习 题

（1）简述项目管理的概念及作用。
（2）简述项目管理的特征。
（3）简述项目管理的内容。

项 目 小 结

本项目的任务 1 介绍了项目的概念、特征、生存周期等基础知识，通过实例使读者对项目有一个清晰的认识。任务 2 介绍了项目管理的概念、作用、特征以及管理内容，重点是管理内容。此外，任务 2 还介绍了信息技术在项目管理工作中的应用。通过实例使读者熟悉项目管理的内容，熟悉项目经理的工作，熟悉信息技术对项目管理的帮助。

梳理重大项目 树立强国自信 努力学习 强国靠我

长城、故宫、长江三峡工程、北京奥运会、首都机场、北京大兴国际机场、长征系列火箭、北斗卫星导航系统、高铁网络、港珠澳大桥、青藏铁路、北京冬奥会场馆等项目都是我国举世瞩目的重大项目。这些项目展示了我国在不同时期不同领域的科技实力、工程建设能力、项目管理能力，彰显了我国人民的智慧和创新精神，对于推动我国的经济发展和提升国际影响力起到了重要作用。

作为中国人，我们必须树立强国自信，以国富民强为荣，以自己作为中国人而骄傲。作为中国当代大学生，我们必须努力学习知识掌握技能，树立报国靠我的远大志向和责任意识，为早日实现中华民族伟大复兴的中国梦而奋斗不息。

自 测 题

一、名词解释

（1）项目。
（2）项目管理。

二、简答题

（1）简述项目的特征和生存周期。
（2）简述项目管理的作用和内容。

三、综合应用题

假如你在一家比较有名气的装修公司上班，你是一名项目经理。现在你们单位承接了西安城市建设职业学院 3 号教学楼的翻新项目，涉及拆除旧的门窗、墙皮、地砖等结构，并按该学院要求安装新的门窗、刷墙和铺地砖等，另外，还要添置新的办公家具、空调、灯饰等，单位任命你全面负责此项目。请你从以下方面综述你的想法和具体做法。

（1）项目范围的再次确认。
（2）装修方案细化设计。
（3）成本精确预算。
（4）工人的聘用和管理。
（5）项目进程监督管理。
（6）项目质量管理。
（7）项目干系人管理。
（8）采购管理。
（9）项目文档资料管理。

项目3 机器人流程自动化

项目导读

　　人工智能热潮，使得全球工作环境面临前所未有的变化。机器人流程自动化（RPA）也越来越多地进入全球市场。实行机器人流程自动化可迅速实现业务提效，将重复性劳动进行自动化处理，高效低门槛地连接不同业务系统，让财务、税务、金融、人力资源、信息技术、保险、客服、运营商、制造等行业在业务流程上实现智能化升级。作为当代大学生，应了解机器人流程自动化的概念、典型应用、市场流行的 RPA 软件等。

知识框架

```
                                          ┌── 知识点1 RPA的概念
                                          ├── 知识点2 RPA的前身
                          ┌─任务1 机器人───┼── 知识点3 RPA的本质
                          │  流程自动化概述 ├── 知识点4 RPA软件实现流程自动化的方式
                          │                ├── 知识点5 RPA的优点
                          │                └── 知识点6 RPA的未来
                          │
  机器人流程自动化 ───────┤                 ┌── 知识点1 RPA的功能
                          ├─任务2 机器人────┤
                          │  流程自动化的典型应用└── 知识点2 RPA的典型应用
                          │
                          │                ┌── 知识点1 国外市场上流行的RPA软件
                          └─任务3 RPA软件──┼── 知识点2 国内市场上流行的RPA软件
                                          └── 知识点3 RPA领导者
```

任务 1　机器人流程自动化概述

 **任务导入**

机器人流程自动化（RPA）是近年来十分热门的一项技术，利用 RPA 技术可以协助我们在 RPA 手机、计算机等终端设备中，完成一些重复性、低价值、标准化的工作。因此，可以帮助企业释放员工的精力，从而实现降本增效。那 RPA 是什么？如何实现流程自动化？它有哪些优点？其未来发展趋势如何？

学习目标

（1）了解 RPA 的概念。
（2）了解 RPA 的前身。
（3）了解 RPA 的实质。
（4）了解 RPA 软件实现流程自动化的方式。
（5）了解 RPA 的优点。
（6）了解 RPA 的未来。

任务实施

1. RPA 的概念

RPA 概念效果图如图 3-1 所示。

图 3-1　RPA 概念效果图

机器人流程自动化（Robotic Process Automation，RPA），是以软件机器人及人工智能（AI）为基础的业务过程自动化技术。它通过模拟人操作计算机，替代人工执行一些有规则的、重复性的工作，可以极大地提升业务效率和准确性。例如，某人每天要从网页上抓取固定（规则明确）页面上固定（规则明确）位置的数据（如某网站某类商品的价格），并把这些数据提交到数据库的某个表格中，以此进行销售经营分析，而这种工作现在完全可以由 RPA 完成。

2. RPA 的前身

Windows 操作系统中的定时任务/批处理、Excel 表格中的宏、国内使用的按键盘精灵软件、软件自动化测试工具通常被认为是 RPA 的前身。例如，按键精灵可通过模拟键盘操作，替游戏玩家代练游戏角色，或者做计算机上需要人工操作的重复性工作。

RPA 一词在 2000 年出现，2000—2010 年，RPA 开始应用；2010—2015 年，RPA 开始被广泛使用。通过 RPA 软件，许多企业实现了业务流程的自动化。近年来，RPA 广泛用于许多新兴产业中，生产率实现了较大增长。保险、医疗保健、金融服务、房产中介及新零售行业的业务部门存在大量人工输入数据和管理数据的工作，出错率高且效率低下，RPA 的实施大幅度降低了人力成本，提高了生产率，同时减少了错误。

3. RPA 的本质

RPA 虽然被称为机器人，但实质上是计算机软件，可把它理解为软件机器人，以区别于硬件机器人，RPA 软件通过模仿人类敲击键盘、单击鼠标，以非侵入的方式与计算机程序和应用程序界面进行交互。如果在其中加上 AI 技术，还可以对文本、语音、图像等非结构化数据进行处理，进而能够代替或协助人类在计算机、RPA 手机等数字化设备中完成重复性工作与任务。只要预先设计好使用规则，RPA 就可以模拟人工操作，进行复制、粘贴、单击、输入等操作，协助人类完成大量"规则较为固定、重复性较高、附加值较低"的工作。

4. RPA 软件实现流程自动化的方式

1）模拟
RPA 软件可以模拟人类在计算机上进行的所有操作，具体如下。
（1）操作桌面软件，如 WPS、Office 系列、用友软件、SAP 软件、金蝶软件。
（2）操作通过浏览器访问的程序，如办公自动化（OA）程序等，包括登录、下载文件和抓取数据。
（3）收发邮件。
（4）自动形成报表（数据可来自多种系统）。
（5）数据计算。
（6）移动文件和文件夹。
（7）复制和粘贴数据。

（8）填写表单。

（9）从文档/网页中提取结构化和半结构化数据。

（10）访问数据库。

（11）擦除浏览痕迹。

RPA软件是如何模拟人类在计算机上进行的所有操作的？RPA软件可以抓取界面元素的信息，将人类在计算机上操作各种软件的过程，通过流程图/操作列表的方式记录下来，然后RPA软件将操作过程记录成流程文件，设定频率并运行该流程文件，从而模仿人类在计算机上的操作。

2）衔接/增强

RPA软件可以衔接/增强人类与计算机的交互过程，不仅可以将多人操作甚至跨部门的流程串成一个完整流程，还可以借助人工智能、机器学习、数据库等技术，实现之前需要多人、多技术组合才能完成的工作。例如，RPA软件可对财务部门的发票进行识别与验证。RPA软件将发票扫描文件放到某个目录中，机器人发现该目录中有文件后通过调用OCR（机器视觉中的光学字符识别）功能自动识别出信息，然后到税务网站去验证。验证结果用Excel表格汇总，通过邮件把汇总结果发送给相关负责人，哪些发票通过验证，哪些没有通过验证，一目了然。可以说，RPA软件在工作效率上远胜于人类。

5. RPA的优点

（1）跨系统。可实现类似先登录OA系统获取数据，再登录企业资源计划（ERP）系统，将OA系统获取的数据填入ERP系统中。整个过程不会对OA系统和ERP系统造成任何改变和破坏。

（2）效率高。可以24小时不间断地处理规则明确、大量重复的计算机操作，减轻员工的工作量，让员工专注于机器人无法胜任的创造性工作。

（3）质量好。RPA软件采取标准化流程运行，不易出错，并且不知"疲惫"。另外，借助人工智能技术可使某些识别工作的准确度比人工识别的准确度高。

（4）成本低。RPA的成本一般是人工成本的50%左右。

（5）见效快。RPA实施的速度比其他软件的开发或改进速度快，一般在流程结束后1个月内就能上线应用，甚至在1～2周内即可上线应用。

（6）更安全。整个过程可以增加完整、全面的按键审核记录，保证合规性，降低业务风险。

（7）类Office。业务人员无须专业开发人员的协助就可根据自己业务需求完成RPA的设计和实施。

6. RPA的未来

在全球范围内，越来越多的企业已清楚地认识到，RPA带来的效率和生产力提升。在不同国家和地区，RPA的好处正在不断被挖掘，而其在不同行业的应用进程也在不断加快。伴随人工智能浪潮，RPA市场前景广阔，RPA的未来呈现出以下五大发展趋势。

1）智能流程自动化（IPA）的兴起

随着 RPA 在全球范围内的普及，IPA 也逐渐兴起。可以把 IPA 理解为人工智能化的 RPA，它具有从经验中学习的能力。它以 RPA 为基础，融合了 AI 的复杂性，通过 NLP（自然语言处理）、OCR（机器视觉中的光学字符识别）、ML（机器学习）等辅助技术，拓展机器人的工作范围，进一步释放自动化的潜力与价值。相较于传统的 RPA，IPA 在读取非结构化数据、做决策、保障执行任务的准确率、衔接人机交互任务上更具优势。美国高纳德（Gartner）咨询公司曾预测，2022 年 80%部署了 RPA 的组织将引入包括机器学习和自然语言处理等在内的 AI 技术，以改进业务流程。

2）云端的 RPAaaS

RPAaaS（RPA as a Service：RPA 即服务）是一种 RPA 云服务模式。用户无须在计算机上安装客户端，通过登录云端的 RPA 服务平台，即可订阅使用。对中小企业而言，通过订阅服务模式，可避免多次采购。云端的 RPAaaS 不仅能提供创新的解决方案，转变员工的工作方式，而且部署及维护成本较低，成果转化快，员工调用起来也更加便捷。目前，国内外已有部分厂商通过云端，提供 RPAaaS。未来，RPA 将成为云端不可或缺的订阅服务之一，将有更多的 RPA 厂商推出 RPAaaS，这将大大降低 RPA 的使用门槛。

3）全球 RPA 需求激增

许多组织希望通过 RPA 实现业务流程自动化，在降低人力成本的同时，提高整体运营效率。随着组织降本增效需求的增多，RPA 的应用越发重要。

4）RPA 用于风险管理和信息安全治理

随着 RPA 的普及和推广，其应用场景范围势必越来越广。与此同时，很多用户已经把关注点从效率转移到了风险管理和信息安全方面。基于标准化的 RPA，可以自动执行流程，有效地降低人为失误带来的风险。经过 AI 加持的 RPA 可以胜任与信息安全治理相关的任务，密切监控服务器、应用程序和其他系统等，甚至关注代码中的最小细节。

今后，在风险管理和信息安全治理领域，RPA 的应用将越来越频繁，或可在企业的 IT 安全战略中发挥重要作用。

5）RPA 在组织的各部门推广应用

RPA 的应用不仅仅是一个 IT 项目。组织内部普遍存在流程自动化不足、占用大量人力、业务效率低下的部门，而低代码/无代码的 RPA 使用门槛低，即使普通员工也能快速上手。

实施 RPA，正好可以自动处理业务流程，相应地减少"手动密集型"岗位的人员，降低人力成本和时间成本，提高业务效率和准确率。正因为如此，RPA 在组织业务中的应用不断扩大，不少首席财务官（CFO）和首席运营官（COO）都已开始关注并应用 RPA。Gartner 预测，到 2024 年，近 50%的 RPA 应用将来自 IT 部门之外。随着 RPA 在组织业务中应用地位的不断提升，RPA 将被推广到 IT 之外的更多业务部门。

课 后 习 题

一、判断正误题

（1）机器人流程自动化是一种以硬件机器人为核心的自动检测技术。 （　　　）

（2）操作 RPA 软件时会侵入流程自动化中涉及的软件，或增加功能。 （　　　）

（3）RPA 将来可以完全取代企业员工的所有工作。 （　　　）

（4）RPA 的发展趋势将是 IPA。 （　　　）

二、简答题

（1）RPA 中的 R、P、A 分别代表什么？

（2）RPA 的本质是什么？

（3）为什么 RPA 软件可以模拟人类在计算机上进行的所有操作？

（4）RPA 有哪些优点？

任务 2　机器人流程自动化的典型应用

RPA 可以自动处理大量重复的、基于规则的工作流程任务，如纸质文件数据的录入、证件或票据的验证、从电子邮件和文档中提取数据、跨系统的数据迁移、企业 IT 应用自动操作等。RPA 能准确并快速地完成这些工作，减少人工错误，确保零失误，提高效率，大幅度降低运营成本。作为一种越来越成熟的企业智能化工具，全球越来越多的企业已经开始将 RPA 应用到相关业务流程中。

（1）了解 RPA 的功能。
（2）了解 RPA 的典型应用。

任务实施

1. RPA 的功能

RPA 的功能如图 3-2 所示。

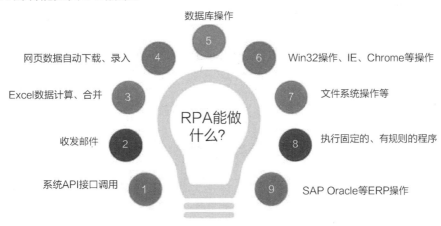

图 3-2　RPA 的功能

从功能上看，RPA 是一种处理重复性工作和模拟手工操作的程序，可以代替很多日常操作，包括但不限于以下所列范围。

（1）数据搜索。通过预先设定的规则，RPA可自动访问内外网，灵活获取页面元素；根据关键字段搜索数据，提取并存储相关信息。

（2）数据迁移。RPA具有灵活的扩展性和无侵入性，可集成在多个系统上；跨系统自动处理结构化数据，进行数据迁移，检测数据的完整性和准确性，并且不会破坏系统原有的结构。

（3）数据录入。对于需要录入系统的纸质文件数据，RPA可借助OCR进行识别，将读取到的数据自动录入系统并归档。

（4）OCR识别。RPA可依托OCR对扫描得到的图像进行识别和处理，进一步优化校正分类结果，将提取的图像关键字段信息输出，使之成为能进行结构化处理的数据。

（5）信息审核。基于OCR对图像信息的识别，RPA可根据预设规则，模拟人工操作任务，并对识别完成的文字信息进行审核与初步加工，完成从图像到信息的转换。

（6）上传下载。不同系统之间常需要传输数据及文件信息。RPA可模拟人工操作，自动登录多个异构系统，将指定数据及文件信息上传至特定系统；也可从系统中下载指定数据及文件信息，并按预设路径进行存储，或是进一步根据规则上传平台或其他处理。

（7）筛选统计。对于原始的结构化数据，RPA可按照预先设定的规则，自动筛选数据，并根据所筛选的数据进行统计、整理等后续处理，从而得出满足个性化管理需求的信息。

（8）整理校验。RPA能对所提取的结构化数据和非结构化数据进行转化和整理，并按照标准模板输出文件，实现从数据收集到数据整理与输出的自动化。此外，RPA还能自动校验数据，对数据错误进行分析和识别。

（9）生成报告。根据标准的报告模板，RPA可按照规则要求，将从内外部获取的数据进行整合，自动生成报告。

（10）推送通知。在处理任务的过程中，RPA可将识别出的关键信息，自动推送给任务节点的相关工作人员，及时发出通知信息，实现流程跟踪。

2. RPA的典型应用

RPA的应用场景有很多，凡是规则明确、大量重复的流程都适用RPA。这里从个人和企业的应用角度，举例说明RPA如何帮助我们做事。

1）个人应用

例如，你每天要从多个数据来源采集数据，录入一个表格，计算方法不变，只需更新数据或修改别人发给的报表公式，通过Excel自动计算后，然后以邮件的形式分发给其他人。

RPA自动获取各种来源数据后，修改Excel单元格中的公式或值，模仿你的数据加工过程，完成对数据的处理，然后根据所实现的配置，自动用电子邮箱发送给配置的收件人。

2）财务机器人

对于会计部门来说，员工每月都有交通费、差旅费、招待费等各种单据需要报销，会计部门需要对这些费用进行整理、核算甚至把它们录入公司的管理系统，还要把汇总结果录入税务部门的管理系统，或者和工资明细等进行合并，这些工作烦琐且容易出错。如果

使用 RPA 软件及其方案，就可以自动识别单据类型、费用，自动把信息输入公司的管理系统、税务部门的管理系统，减少人工错误，确保零失误，提高效率，大幅度降低运营成本。

3）跨系统业务报表

RPA 以非侵入的方式采集跨平台或跨系统数据（包括网银交易系统、网银交易系统后台数据库、运行计算机性能数据和其他业务系统），定制化生成业务报表，所需数据一目了然。

4）企业数据挖掘

每个行业随着消费者多样化的消费需求，对数据精细化挖掘的需求也变得更加强烈。这方面需要收集的数据来源多种多样，有内部的，也有外部的，并且没有标准的应用程序编程接口（API）可以调用。使用 RPA 可通过自动化操作网页，抓取相关信息，为数据挖掘提供大量样本，帮助企业更及时、精准地进行决策。

5）总分类账信息收集和更新

银行必须确保其总分类账及时更新所有重要信息，如财务报表、资产、负债、收入和支出。这些重要信息用于编制银行的财务报表，供公众、媒体和其他利益相关者访问。从不同系统创建财务报表所需的大量详细信息时，确保总分类账没有任何错误非常重要。RPA 的应用有助于从不同系统收集信息，验证信息并在系统中进行更新而不会出现任何错误。

6）报告自动化

作为合规的一部分，银行必须准备一份关于其各种流程的报告，并将其提交给董事会和其他利益相关者，以显示银行的业绩。这些报告对银行声誉有重大影响，因此确保没有错误非常重要。RPA 可以从不同来源收集信息，验证信息，以可理解的格式安排信息，帮助银行准备数据准确的报告。

7）政务

政府机构为了提高海外人才来华工作办事效率，推进落实"单一窗口"工作方案，实现多部门工作系统的数据交互，建立外国人体检预约、来华工作许可和居留许可的工作并联机制；通过部署智能 RPA 进行跨系统上传、信息抽取、填写、申报和追踪，优化申请和审批流程，提升申请便利度和审批的智能化水平。

8）证券交易查询

证券交易所工作人员每个工作日上午 9 点之前，需要登录证券交易系统（包括集中交易、贵金属、融资融券、期权 4 个子系统），查询并打印全国约 290 个营业部的资金报表。以上重复性强的工作都可由 RPA 替代完成，RPA 每天上午 5 点开始运行，自动查询、打印报表并将运行结果通过电子邮件通知指定人员。

9）自动撰写上市公司披露报告

某上市公司需要定期按照证监会的要求，按时披露公司业绩（季报和年报），财务人员需要查阅和整合大量（十几张）财务报表（Excel 格式）中的各项数据，遵循一定的逻辑填入报告中（Word 格式），并进行数据校验。通过 RPA 高效快速完成多格式文档之间的数据迁移。将以前人工需要几周完成的工作，在几分钟之内准确完成。

10）某银行账户管理系统代填

对银行内部已经开立的账户信息，需要人工同步录入中国人民银行结算账户管理系统，字段多（基本信息和账户信息等），人工切换不同系统录入信息，费时费力且容易出错。通过 RPA 自动读取待填写账户列表，获取账户信息并自动上传，OCR 模块进行图像信息抽取后自动登录中国人民银行账户管理系统完成信息录入并提交，高效快速地完成多系统之间的数据迁移，大大提升了操作效率，降低错误率。植入 OCR 和 NLP 智能模块的 RPA 具备更高级别的计算机视觉和语义处理能力，能自动完成更精准的信息识别、抽取和录入，以及表单和文档的生成等任务。对于复杂业务和文档的处理、文档和表单的变化，RPA 有更强的语义自适配能力。

课 后 习 题

（1）RPA 的主要功能有哪些？
（2）举一个本书上没有提过的可应用 RPA 提升工作效率的场景。

任务 3　RPA 软件

 任务导入

近年来，RPA 软件已成为互联网软件行业的一股新生力量。Gartner 数据显示，RPA 以 75.6%增长率成为近两年增速最快的企业级软件。RPA 是全球增长最快的细分软件市场，2020 年 RPA 全球收入增长 38.9%，超过所有其他软件。目前国内外市场上比较流行的 RPA 软件有哪些？

学习目标

（1）了解国内外市场流行的 RPA 软件。
（2）了解 RPA 领导者。

任务实施

1. 国外市场上流行的 RPA 软件

国外市场上的 RPA 软件竞争非常激烈，在这方面比较出名的公司有 Blue Prism、Automation Anywhere（简称 AA）和 UiPath。目前，在国内使用和推广最多的是 UiPath 公司的 RPA 软件。

（1）Blue Prism 成立于 2001 年，是英国一家跨国软件公司，它是国外比较成熟的 RPA 软件开发企业，Blue Prism 的 RPA 软件的界面比较友好。

（2）Automation Anywhere 成立于 2003 年，总部位于美国加利福尼亚州圣何塞市，它是 RPA 软件开发商。该公司开发的 Automation Anywhere Enterprise 将传统的 RPA 与自然语言处理和读取非结构化数据等认知元素相结合，可以端对端完成业务流程，满足企业用机器人组成的数字化劳动力替代人工的需求。

（3）UiPath 是一家成立于 2005 年的软件公司，致力于开发 RPA 软件。UiPath 开发的 RPA 是目前市场上最受欢迎的自动化工具。

2. 国内市场上流行的 RPA 软件

相比国外，国内 RPA 软件行业起步晚。大型上市公司、银行、国企等，是目前国内 RPA 公司主要的客户。

（1）艺赛旗成立于 2011 年，总部位于上海，是一家软件厂商，为客户提供企业内部数

据跨平台整合、云安全管理、大数据安全分析、用户行为收集分析、应用操作录屏审计、客服行为可视化质检、银行柜面交易监控及分析。艺赛旗 RPA 已经成功服务于国内 500 余家企业，树立了众多 RPA 典型案例。

（2）UiBot 使用软件技术模拟人工对目标系统（ERP、OA、SAP、浏览器、Excel 等各类软件）进行各种操作，实现对企业或个人工作的业务流程自动化。其产品包含创造者、劳动者、指挥官三大模块，用户可通过平台一键录制流程并自动生成机器人，支持可视化编程与专业模式、浏览器、桌面、SAP 等多种控件抓取，还可对业务与权限进行实时监控调整。

3. RPA 领导者

Gartner 在 IT 行业相当于"裁判员"，其对 IT 行业的研究和解读颇具专业性，受到业内高度认可。Gartner 每年会针对 IT 行业各个细分领域，发布相应的"魔力象限"报告。"魔力象限"报告是 Gartner 的年度重磅报告，也是 Gartner 对于技术厂商的最高认可。根据近三年发布的 Gartner 的"魔力象限"报告，在前瞻性和执行能力两个指标上，UiPath、BP 和 AA 三家国外公司始终处于全球 RPA 领导者地位。

当然，对于使用 RPA 软件的企业或个人来说，选择适合自己的 RPA 就是最好的。

课 后 习 题

（1）国内外市场上流行的 RPA 软件有哪些？
（2）下载免费的 UiPath（社区版）或 Uibot RPA 工具，安装后熟悉软件操作过程。

项 目 小 结

本项目主要介绍机器人流程自动化（RPA）的基本概念、前身、本质、实现方式、优点及其未来发展趋势，介绍 RPA 的功能、典型应用场景和国内外市场上流行的 RPA 软件。作为当代大学生，应紧跟信息时代的发展，了解有关 RPA 技术和应用。

 课程思政

向着数字未来出发远航，为数字中国建设注入更多的活力和动力

随着数字经济的迅猛发展，企业对降低人力成本、提升工作效率及业务流程自动化水平的需求日益增强。在此背景下，作为赋能数字经济发展的重要技术之一的机器人流程自

动化（RPA）技术，以其独特的优势，正成为助力数字经济发展的强大引擎。

党的二十大报告指出，要加快建设网络强国、数字中国。习近平总书记深刻指出，加快数字中国建设，就是要适应我国发展新的历史方位，全面贯彻新发展理念，以信息化培育新动能，用新动能推动新发展，以新发展创造新辉煌。

新时代的大学生生逢盛世，肩负重任，应始终保持奋进姿态，扬起梦想的风帆，在数字化大变革中抢抓先机，向着数字未来出发远航，为数字中国建设注入更多的活力和动力。

自　测　题

一、判断正误题

（1）RPA 可以自动处理大量重复的、非规则的工作流程任务。　　　　　（　　）

（2）RPA 软件可以衔接人类与计算机的交互过程，可以将多人操作甚至跨部门的流程串成一个完整流程。　　　　　（　　）

（3）RPA 只能在企业内部的 IT 部门应用。　　　　　（　　）

（4）最好的 RPA 软件是 UiPath。　　　　　（　　）

二、名词解释

（1）什么是 RPA？

（2）如何理解"数字员工"概念？

（3）什么是 OCR？

（4）什么是 NLP？

（5）什么是 RPAaaS？

项目4 程序设计基础

项目导读

本章介绍一种具体的程序设计语言及其程序设计方法，使读者了解程序设计语言的基本结构，理解利用计算机求解实际问题的基本过程，掌握程序设计的基本过程，掌握程序设计的基本思想、方法和技巧，养成良好的程序设计风格，培养利用计算机求解问题的基本能力。

知识框架

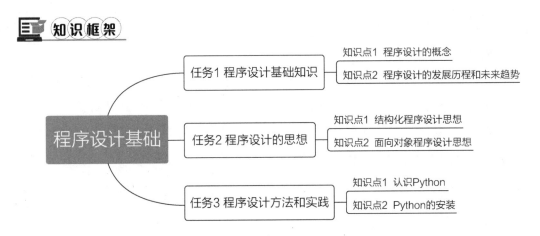

任务 1　程序设计基础知识

 任务导入

随着计算机学科与其他学科的高度交叉发展，高等院校的信息技术课程已不限于计算机基础知识与办公软件，而应把计算机作为一种工具，融入各个专业。

计算机是日常生活中的重要工具，熟练地使用计算机并不能发挥其全部效能，而通过自己编写的程序可以进一步控制和使用计算机，使其更好地发挥作用。

学习目标

（1）了解程序设计的基本概念。

（2）了解程序设计的发展历程和未来趋势。

任务实施

1. 程序设计的概念

在计算机得到广泛应用的今天，无论是在科学技术领域还是在工作和娱乐方面，计算机都给人们带来很多便利。人们可以利用计算机制图、制表、设计 3D 模型、聊天、玩游戏、看电影等，还可以在同一台计算机上完成各种各样的任务。总之，计算机已成为很多人生活工作中不可或缺的一部分。

计算机之所以会有如此强大的功能，除了硬件支持，更重要的原因是人们开发了很多能够指挥计算机完成各种任务的程序。在计算机中，连续执行的一条条指令的集合称为程序，程序设计就是指用某种程序语言编写这些程序的过程。

在维基百科中给出了比较详细的程序设计的定义：程序设计是指给出解决特定问题的过程，是软件构造活动中的重要组成部分。

程序设计的最终目的是用程序控制计算机为人们解决特定的问题，软件最终需要通过程序的运行发挥作用，程序设计是将问题转化为引导计算机运行的指令，并在计算机中运行后得到正确结果的过程，需要借助程序设计语言完成程序设计。

程序设计一般包括以下 5 个步骤。

（1）建立数学模型。分析需求，了解程序应有的功能，建立数学模型。

（2）确定数据结构和算法。依据数学模型，确定存放数据的结构，针对所确定的数据结构选择合适的算法。

（3）编程。根据确定的数据结构及算法，使用选定的计算机语言编写程序代码并输入计算机中。

（4）调试程序。消除语法或逻辑错误，用各种可能的输入数据对程序进行调试，分析结果，对不合理的数据进行适当处理，直至获得预期的结果为止。

（5）整理并写出文档资料。人们要利用计算机完成各种预定的工作，就必须把完成该项工作所需的步骤编写成计算机可以执行的指令序列，计算机程序是为实现特定目标或解决特定问题而用计算机语言编写的指令序列的集合。

一个程序应该包括两个方面的内容：一方面是对数据的描述，指定数据的类型和数据的组织形式；另一方面是对操作步骤的描述。数据的描述即数据结构，操作步骤的描述即算法，正如著名计算机科学家尼古拉斯·沃斯（Niklaus Wirth）提出的一个公式：

数据结构+算法=程序

2. 程序设计的发展历程和未来趋势

由于机器只能识别由 0 和 1 组成的二进制代码，所以最早使用的计算机语言是指令及数据，两者均是由二进制代码组成的机器语言。随后发明的汇编语言可以将机器指令映射为一些能被人读懂的助记符，如 ADD、SUB 等。运行汇编程序时，先将用助记符描述的源程序转换成机器指令程序，然后通过运行机器指令程序得到输出结果。随着计算机技术的发展，FORTRAN、BASIC、PASCAL、C、C++及 Java 等高级语言应运而生，高级语言的出现使计算机程序设计不再过度地依赖某种特定的机器或环境。

对于计算机来说，它不能直接识别由高级语言编写的程序，它只能接受和处理由 0 和 1 二进制代码构成的指令。由于这种形式的指令是面向机器的，因此它也被称为机器语言。所有由高级语言编写的程序都要编译成二进制代码。程序设计语言主要经历了机器语言、汇编语言和高级语言 3 个发展阶段，如图 4-1 所示。

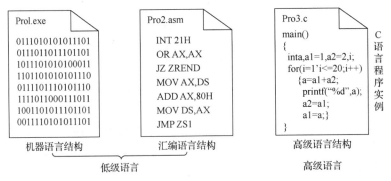

图 4-1　程序设计语言的 3 个发展阶段

1）机器语言

从 19 世纪起，随着机械式计算机的更新，出现了穿孔卡片，这种卡片可以指导计算机工作。世界第一台电子数字计算机 ENIAC（见图 4-2）使用穿孔卡片。在该卡片上使用的语言是专家们能理解的语言，由于它与人类的自然语言之间存在巨大的鸿沟，因此称之为机器语言，即第一代程序设计语言。

图 4-2　世界第一台电子数字计算机 ENIAC

机器语言是低级计算机语言，这种语言本质上是计算机能识别的唯一语言，机器语言直接由机器指令（二进制代码）构成。因此，使用这种语言编写的计算机程序不需要转换就可直接被计算机系统识别并运行，执行速度快、效率高。但也存在以下缺点：机器语言难掌握，编程烦琐、可读性差、易出错，并且依赖于具体的机器，通用性差。要想在另一台计算机上执行，必须另编程序，可移植性较差，造成了重复工作。

2）汇编语言

汇编语言是第二代程序设计语言。为了克服机器语言的各种缺点，人们采用能帮助记忆的英文缩写符号（称为指令助记符）代替机器语言中的操作码，用地址符号代替地址码。用指令助记符及地址符号书写的指令称为汇编指令（也称为符号指令），而用汇编指令编写的程序称为汇编语言源程序。汇编语言又称为符号语言，计算机并不能直接识别和理解用符号语言编写的程序，这就需要一个专门的系统程序负责把用汇编语言编写的程序翻译成机器语言程序，这种翻译程序就是汇编程序。

尽管汇编语言与机器语言相比有不少的优势，但缺点仍然很明显，即用汇编语言编写的程序和机器语言一样依赖于具体的机器。也就是说，它们都是面向机器的语言，程序中使用的指令都是遵循特定的机器编写的，用汇编语言写的程序不能方便地移植到另一种机器上。同时，汇编语言程序的编写也迫使程序员必须从机器语言角度思考问题。因此，汇编语言和机器语言统称为低级语言。汇编语言同样具备机器语言的缺点，只是程度不同。但是，使用汇编语言编写的程序时，其目标程序占用内存空间少，运行速度快，在某些场合发挥着高级语言不可替代的作用。

3）高级语言

机器语言和汇编语言都是面向机器的语言，要求编程人员必须十分熟悉机器硬件结构及工作原理，这对非计算机专业人士来说是很困难的。人们寻求一种接近自然并能被计算机所接受且通用易学的编程语言，这就是随后出现的高级语言。高级语言是第三代程序设计语言，它接近人类的自然语言和数学公式，同时又不依赖于具体的硬件，用这种语言编

写出的程序能在不同的机器上运行。

1957 年，第一个完全脱离机器硬件的高级语言——FORTRAN（Formula Translator）由 IBM 公司研发成功。在随后的几十年中，共有几百种高级语言相继出现，使用较普遍的有 FORTRAN、COBOL（Common Business Oriented Language）、BASIC、LISP、Pascal、C、C++、VC（Visual C++）、VB（Visual Basic）、Delphi、C#、Java 等。

高级语言容易学习和掌握，程序可读性好，可维护性强，可靠性高。高级语言与具体的计算机硬件关系不大，程序可移植性好，重复使用率高。用高级语言编写程序比用低级语言编写程序容易，并且大大简化了程序的编写和调试过程，使编程效率得到大幅度提高。

计算机语言越低级，其执行速度就越快，因为越低级，就越符合计算机的思维。在计算机语言中执行速度最快的是机器语言，其次是汇编语言，高级语言的执行速度最慢。

未来程序设计的发展趋势特点：

（1）简单性。提供最基本的方法，以完成指定的任务，即用户只需理解一些基本的概念，就可以用它编写出适合于各种情况的应用程序。

（2）面向对象性。提供简单的类似机制及动态的接口模型。

（3）安全性。用于网络、分布环境，有安全机制保证。

（4）平台无关性。平台无关性使程序可以方便地被移植到网络上的不同机器/平台上。

课 后 习 题

（1）程序设计的概念是什么？

（2）程序设计的主要步骤有哪些？如何理解这些步骤？

（3）为什么汇编语言被称为低级语言？

（4）未来程序设计的发展趋势特点有哪些？

任务 2　程序设计的思想

从有计算机编程开始到现在，程序设计经历了什么样的变化？

掌握程序设计的基本思想和流程。

任务实施

随着计算机语言的不断发展，程序设计思想也在不断地发生着变化。最初的程序只能针对特定类型的计算机进行设计，之后出现了面向过程语言的模块化设计和自顶向下、逐步细化的结构化编程，这些方法提高了编程效率。当今的主流编程技术是在结构化程序设计基础上，采用更接近人类思维习惯的、面向对象的编程技术。

1. 结构化程序设计思想

结构化程序设计的本质是控制编程的复杂性，它的主要观点是采用自顶向下、逐步求精的程序设计方法（见图 4-3），使用 3 种基本控制结构构造程序。结构化程序设计强调程序设计风格和程序结构的规范化，提倡清晰的结构，把一个复杂问题的求解过程分阶段进行，每个阶段处理的问题都控制在人们容易理解和方便处理的范围内。

具体来说，采用以下方法可确保得到结构化程序：

（1）自顶向下。

（2）逐步求精。

（3）模块化设计。

（4）结构化编码。

自顶向下、逐步细化的过程是将问题求解由抽象逐步具体化的过程。在程序设计中，根据程序模块的功能将一个复杂的问题划分为若干子模块，每个子模块完成一项独立的功能，每个模块内部只采用顺序、选择（分支）和循环 3 种规范化的控制结构（见图 4-4）构造。

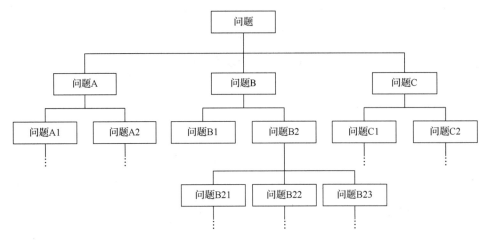

图 4-3　自顶向下、逐步细化的过程

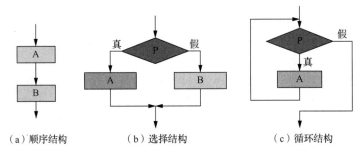

（a）顺序结构　　　　（b）选择结构　　　　（c）循环结构

图 4-4　三种基本的控制结构

按照这种思想编写出来的结构化程序具有结构清晰、容易理解、容易验证、便于开发和维护等特点。

2. 面向对象程序设计思想

软件学中，对程序设计分三大类方法：

（1）面向过程的程序设计方法。

（2）面向数据的程序设计方法。

（3）面向对象的程序设计方法。

面向过程的程序设计语言是早期各种程序设计语言，包括汇编语言、FORTRAN、PASCAL、C、BASIC 等。

面向过程的程序设计语言特点：以控制为中心，以业务为核心。

面向数据的程序设计语言其实是各种数据库管理系统，包括 Oracle、SQL Server、MySQL、DB 系列等。

面向数据的程序设计语言特点：以数据为中心，以存储为核心。

面向对象的程序设计语言是未来发展趋势，包括 Java、C++、C#等。

面向对象程序设计的思想：

（1）代码复用（降低软件开发成本）。

（2）封装（关键手段）。

（3）继承（代码复用的主要技术）。

（4）多态性（不同的实例，可以对同一事件产生反应）。

那么，与传统的面向过程的程序设计方法相比，面向对象程序设计有何不同？

例如，对希望完成"猪八戒吃西瓜"这样一件事情，两种设计思想和方法就完全不同。在面向过程的程序设计中，一切以函数为中心，函数最大。因此，对这件事情用如下语句表达：

吃（猪八戒，西瓜）；

在面向对象的程序设计中，一切以对象为中心，对象最大。因此，对这件事情用如下语句表达：

猪八戒.吃（西瓜）；

对比两条语句不难发现，面向对象的语句更接近自然语言的语法：主语、谓语、宾语一目了然，十分直观，因此更容易理解。

面向对象程序设计在软件开发领域掀起巨大的变革，极大地提高了软件开发效率。

课 后 习 题

（1）什么是结构化程序设计思想？它的主要观点是什么？包含哪几种基本的控制结构？

（2）面向对象程序设计与面向过程的程序设计相比有什么优势？它的设计思想是什么？

任务3 程序设计方法和实践

 任务导入

本章以 Python 为例，介绍其安装、环境设置和一些基本情况。

 学习目标

（1）了解并掌握 Python 的安装、环境设置等操作方法。

（2）了解 Python 的一些入门知识。

任务实施

"我开始设计一种语言，使得程序员的效率更高。"

——吉多·范罗苏姆（Python 语言设计者）

那么，什么是 Python？为什么要使用它？谁该使用它？

1. 认识 Python

1）什么是 Python

Python 是一种面向对象的解释型计算机程序设计语言，由荷兰人吉多·范罗苏姆（Guidovan Rossum）于 1989 年发明。

Python 是纯粹的自由软件，Python 语法简洁清晰，特色之一是强制用空白符（whitespace）作为语句缩进。

Python 具有丰富和强大的库。它常被称为"胶水"语言，能够把用其他语言制作的各种模块（尤其是 C/C++）很轻松地连接在一起。常见的一种应用情形是，使用 Python 快速生成程序的原型（有时甚至是程序的最终界面），然后对其中有特别要求的部分，用更合适的语言改写。例如，对 3D 游戏中的图形渲染模块，如果性能要求特别高，就可以用 C/C++ 语言重写，而后封装为 Python 可以调用的扩展类库。需要注意的是，在使用扩展类库时，可能需要考虑平台问题，某些扩展类库可能不提供跨平台的功能。

2）Python 的优点与缺点

Python 作为一门高级语言，虽然诞生的时间并不很长，但是得到了程序员的喜爱。Python 程序简单易懂，对于初学者而言，Python 很容易入门，而且随着学习的深入，学习者可以使用 Python 编写非常复杂的程序。但是，编程语言不可能是完美的，总有自己的优势与劣势，Python 也有优缺点。

优点：

（1）可使用多种执行方式，如命令、函数等。

（2）语法简洁且强制缩格。

（3）支持多种开发平台，如 Windows、Linux 等。

（4）开源。

（5）面向对象。Python 既支持面向过程又支持面向对象，这使得其编程更加灵活。

（6）具有丰富的第三方库。Python 有丰富而且强大的库，而且由于 Python 的开源特性，因此第三方库非常多，如 Web 开发、爬虫、科学计算等。

缺点：

（1）速度慢。由于 Python 是解释型语言，因此它的速度比 C、C++慢一些，但是不影响使用。由于现在的硬件配置都非常高，基本上没有影响。

（2）强制缩进。

（3）单行语句。由于 Python 在行尾可以不写分号，因此一行只能有一条语句。

2. Python 的安装

可以在官网 https://www.python.org/下载并安装用户需要的版本，本书以 3.4 版的安装为例，其他高版本的安装同此方法。

要在 Windows 操作系统下安装 Python，参考以下步骤。

（1）下载 Python 3.4，单击其安装图标，就会出现图 4-5 所示的安装界面。

（2）安装时需要配置 Python 环境变量。首先找到 Python3.4 的安装位置，一般系统默认在 C 盘安装用户下载的程序。图 4-6 所示为 Python 3.4 的安装路径。

图 4-5　Python 3.4 安装界面

图 4-6　Python 3.4 安装路径

（3）用右键单击"计算机"图标→"属性"菜单命令，进入"高级系统设置"界面。

（4）在"高级系统设置"界面，单击"环境变量"按钮，进行环境变量设置，如图 4-7 所示。

（5）在"编辑用户变量"界面（见图 4-8）的"变量名"对应的框中，选择"path"，在"变量值"对应的框中添加"c:\python34"路径。注意：要在这前面加英文分号（;）。

图 4-7　环境变量设置

图 4-8　"编辑用户变量"界面

（6）检验 Python 3.4 是否安装好。应打开其命令窗口，如图 4-9 所示。在命令行输入 "python"，上述命令窗口中显示 Python 相关信息，表明已安装好 Python 3.4。

注意：如果提示 Python 不是内部命令，请检查环境变量是否写错。

另外，安装好 Python 3.4 后，还要安装 pip 管理工具和编辑器。如果系统提示 Python37.dll（或者其他东西）丢失，请先卸载杀毒软件，再卸载 Python 3.4，重新安装。

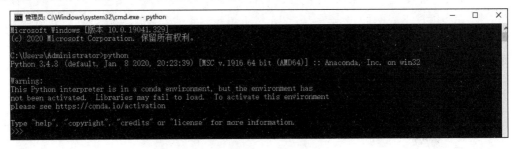

图 4-9　Python 3.4 命令窗口

课 后 习 题

（1）与 C 语言相比，Python 语言的优点是什么？

（2）如何安装 Python 及确认 Python 的版本？

（3）上机操作题：安装 Python 和 PyCharm，进入编程环境。

（4）编写程序，输出"我爱你，中国！"

（5）编写程序，输入两个数，计算它们的商并输出计算结果。

项 目 小 结

项目 4 主要介绍了程序设计的概念、发展历程和未来趋势，程序设计的思想和其中的结构化思想还有面向对象思想的概念，最后，简述了 Python 语言的安装和环境配置。经过本项目的学习，使刚刚走进大学的大学生们对程序设计有个清晰认识，培养自己分析问题、解决问题的能力，并对今后的大学生涯的知识学习进行规划，使其终身受益。

加快建设科技强国 实现高水平科技自立自强

近年来，在党的坚强领导下，在全国科技界和社会各界的共同努力下，我国科技实力正在从量的积累迈向质的飞跃，从点的突破迈向系统能力的提升，科技创新取得新的历史性成就。具体表现在以下 6 个方面：

（1）基础研究和原始创新取得重要进展。

（2）战略高技术领域取得新跨越。

（3）高端产业取得新突破。

（4）科技在新型冠状病毒感染防控中发挥了重要作用。

（5）民生科技领域取得显著成效。

（6）国防科技创新取得重大成就。

实践证明，我国自主创新事业是大有可为的！我国广大科技工作者是大有作为的！我国广大科技工作者要以与时俱进的精神、革故鼎新的勇气、坚韧不拔的定力，面向世界科技前沿、面向经济主战场、面向国家重大需求、面向人民生命健康，把握大势、抢占先机，直面问题、迎难而上，肩负起时代赋予的重任，努力实现高水平科技自立自强！

上述成绩离不开党和国家领导人的宏观指导，同样也离不开广大普通程序员辛苦的努力。截至 2023 年，我国的程序员已经达到 2000 万人、计算机程序员已成为信息化战略中不可或缺的一部分，他们在各行各业发挥着巨大的作用。

希望大家努力学习知识掌握技能，早日加入科技兴国的队伍中。

自 测 题

通过程序设计基础知识和程序设计思路的学习，谈一谈你对程序设计的理解，如概念发展等；也谈一谈假如未来要学习一门高级语言，你会选择哪个？原因是什么？

（不少于 800 字，严禁抄袭）

项目5 大 数 据

项目导读

随着云时代的来临，大数据（Big Data）一词越来越多地被提及，也吸引了越来越多人的关注。人们用它来描述和定义信息爆炸时代产生的巨量数据，并命名与之相关的技术发展与创新。云时代对人类的数据驾驭能力提出了新的挑战，也为人们获得更深刻、全面的洞察能力提供前所未有的空间与潜力。本项目针对什么是大数据、大数据用在什么方面、大数据和传统数据又有什么不同等一系列问题进行阐述，读者要掌握大数据基础知识和相关技术理论。

知识框架

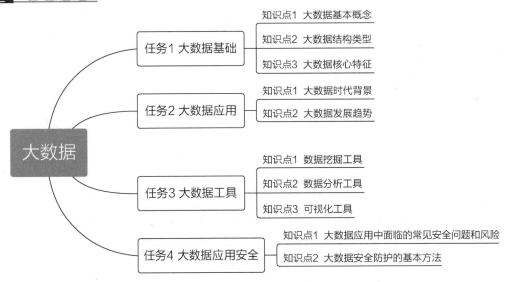

任务1 大数据基础

 **任务导入**

在互联网还没有兴起的时候，数据主要是书籍、报刊等信息。后来随着互联网的兴起，数据呈爆炸式增长。本任务介绍大数据基础理论知识，读者要重点掌握什么是大数据。

 **学习目标**

（1）理解大数据基本概念。
（2）理解大数据结构类型。
（3）理解大数据核心特征。

▼ 任务实施

自互联网诞生以来，数据就一直以惊人的速度增长。门户网站、搜索引擎、购物网站、社交软件使得数据不断地膨胀。智能移动端的广泛应用使数据迅速增长，智能手机每天都在收集用户的信息，如位置、运动轨迹、生活信息等数据。5G时代推动物联网进一步革新，而物联网又依赖各种传感器，传感器收集的数据爆炸式增长。下面，从大数据概念、结构类型、核心特征3个方面阐述什么是大数据。

1. 大数据基本概念

大数据是指无法在一定时间内用常规软件工具获取、存储、管理和处理的数据集合，它具有规模大、变化快、类型多样化和价值密度低四大特征。熟悉和掌握大数据相关技能，将会更有力地推动国家数字经济建设。

2. 大数据结构类型

大数据有3种结构类型，包括结构化数据、非结构化数据和半结构化数据。

1）结构化数据

结构化数据具有固定的类型、结构、属性划分等信息，通常关系型数据库中存放的数据大多是结构化数据。例如，在用户信息表中的微信、姓名、手机号、身份证号和性别等基本属性涉及的数据就属于结构化数据。结构化数据通常直接存储在数据库的表中，数据记录中的每个属性对应表中的一个字段。

2）非结构化数据

非结构化数据是指无法采用统一结构表示的数据，如声音、图片、视频、文本文件、网页等信息。当数据量非常小时（如 KB 级），可考虑直接把数据存储在数据库表中（整条记录映射到某一列中），这样便于快速检索整条记录。当非结构化数据量较大时，通常考虑把数据直接存放在文件系统中，数据库可用来存放相关数据的索引信息。

3）半结构化数据

半结构化数据不仅具有一定的结构性，还具有一定的可变性和灵活性。例如，常见的 XML、HTML 等数据也属于半结构化数据。对半结构化数据，可以把它直接转换成结构化数据后进行存放。依据数据量的大小，选择适合的存储方式，这一点与非结构化数据的存储类似。

一般而言，结构化数据仅占全部数据的 20% 左右，但这 20% 左右的数据浓缩了长期以来企业在各个方面的数据需求。可以说，数据也具有所谓的"二八法则"，即 20% 的数据具有 80% 的价值。那些不能完全数字化的文本文件、声音、图片、视频等信息就属于非结构化数据，非结构化数据中往往存在大量有价值的信息，特别是随着移动互联网、物联网、车联网的发展，非结构化数据正在以成倍的速度增长。

3．大数据核心特征

大数据具有 4 个核心特征，简称"4V"，具体如下。

（1）大量（Volume）。数据量巨大，集中存储、计算已经无法处理巨大的数据量。

（2）多样性（Variety）。种类和来源多样化，如日志、图片、视频、文档、地理位置等。

（3）高速（Velocity）。分析处理速度快，能够做到对巨量数据的及时有效分析。

（4）低价值密度（Value）。价值密度低，而商业价值高。

课 后 习 题

一、名词解释

大数据。

二、简答题

大数据的结构类型有哪些？

任务 2　大数据应用

 任务导入

　　大数据的价值体现在大数据的应用。随着大数据技术的飞速发展，大数据应用已经融入各行各业，应用广泛，被应用于互联网行业、零售行业、医疗行业等。本任务简单介绍大数据时代背景和发展趋势等。

学习目标

　　（1）了解大数据时代背景。
　　（2）了解大数据的发展趋势。

任务实施

　　1. 大数据时代背景

　　大数据有其产生的时代背景，主要体现在以下 3 个方面：
　　1）信息科技进步
　　现代信息技术产业已经拥有 70 多年的历史，其发展过程出现了几次浪潮。首先是 20 世纪六七十年代的大型机浪潮，此时的计算机体型庞大，计算能力也不高。20 世纪 80 年代，随着微电子技术和集成电路芯片技术的不断发展，计算机所用的各类芯片不断小型化，兴起了微型机浪潮，个人计算机成为主流。20 世纪末，随着互联网的兴起，网络技术快速发展，由此掀起了网络化浪潮，越来越多的人能够接触到网络并使用网络。

　　近年来，随着手机及其他智能设备的兴起，全球网络在线人数激增，人们的日常生活已经被数字信息包围，而这些所谓的数字信息就是通常所说的"大数据"，可以将其称为大数据浪潮。可以看出，智能化设备的不断普及是大数据迅速增长的重要因素。

　　面对数据爆炸式增长，存储设备的性能也必须得到相应的提高。美国科学家戈登·摩尔发现了晶体管增长规律，即摩尔定律。在摩尔定律的指引下，计算机产业进行周期性的更新换代，表现在计算能力和性能不断提高。同时，以前的低速带宽也已经远远不能满足数据传输的要求，各种高速高频带宽不断投入使用，光纤传输带宽的增长速度甚至超越了存储设备性能的提高速度，这种现象称为超摩尔定律。

　　智能设备的普及、物联网的广泛应用、存储设备性能的提高、网络带宽的不断增长都是信息科技进步的结果，它们为大数据提供了储存和流通的物质基础。

2）云计算技术兴起

云计算技术是互联网行业的一项新兴技术，它的出现使互联网行业产生了巨大的变革。我们平常使用的各种网络云盘，就是云计算技术的一种具体表现。通俗地说，云计算技术就是使用云端共享的软件、硬件以及各种应用，以得到我们想要的操作结果，而操作过程则由专业的云服务团队完成。更通俗一点地说，就像以前喝水需要先打井、安装水泵，再通过水泵将水抽上来，而云计算就相当于现在的自来水厂，只要打开开关就有水流出，其他的过程都由水厂完成，而用户只要交费就行。通常所说的云端就是"数据中心"，现在国内各大互联网公司、电信运营商、银行乃至政府各部门都建立了各自的数据中心，云计算技术已经在各行各业得到普及，并进一步占据优势地位。

云空间是数据存储的一种新模式，云计算技术将原本分散的数据集中在数据中心，为庞大数据的处理和分析提供了可能。可以说，云计算为大数据的存储和分散用户的访问提供了必需的空间与途径，是大数据诞生的技术基础。

3）数据资源化趋势

根据数据产生的来源，大数据分为消费大数据和工业大数据。消费大数据是指日常生活产生的大众数据，虽然这些数据只是大众在互联网中留下的印记，但各大互联网公司早已开始积累和争夺数据。例如，谷歌公司依靠世界上最大的网页数据库，充分挖掘数据资产的潜在价值。在工业大数据方面，众多传统制造业企业利用大数据成功实现数字转型。随着"智能制造"的快速普及，工业与互联网深度融合创新，工业大数据技术及其应用将成为未来提升制造业生产力、竞争力、创新能力的关键要素。

2. 大数据发展趋势

1）数据分析成为大数据技术的核心

数据分析在数据处理过程中占据了相当重要的地位。随着社会的发展，数据分析将逐渐成为大数据技术的核心。

2）实时性的数据处理方式

大数据强调实时性，因此数据的处理也要体现实时性。实时性的数据处理方式将成为业界主流方式，从而不断推动大数据技术的发展和进步。

3）基于云的数据分析平台将更加完善

云计算技术的发展越来越快，其应用范围也越来越广，它的发展为大数据技术的发展提供一定的数据处理平台和技术支持。例如，分布式的计算方法可以弹性扩展，具有相对便宜的存储空间和计算资源。

4）开源将成为推动大数据技术发展的新动力

开源软件在大数据技术发展的过程中被不断地研发出来，在自身发展的同时，也将为大数据技术的发展提供支撑。

从产业的角度看，大数据发展趋势包含以下 5 个方面：

（1）为用户提供时效性更强的大数据。

（2）通过开展数据分析和实验，寻找变化因素并改善产品性能。

（3）建立用户分群，为用户提供个性化服务。

（4）利用自动化算法支持或替代人工决策。

（5）商业模式、产品与服务的创新。

课 后 习 题

简述大数据时代的背景。

任务3　大数据工具

任务导入

大数据越来越受到重视，大数据也逐渐成为各个行业研究的重点。在使用大数据时，需要了解大数据工具，这样才能够更好地利用大数据价值。

学习目标

（1）了解数据挖掘工具。
（2）了解数据分析工具。
（3）了解可视化工具。

任务实施

大数据工具可以帮助工作人员进行日常的大数据工作，以下是大数据工作中常用的工具。

1. 数据挖掘工具

数据挖掘在大数据行业中具有重要地位，其使用的软件工具更加强调机器学习，常用的软件工具就是 SPSS Modeler。SPSS Modeler 主要为商业挖掘提供机器学习的算法，同时，它在数据预处理和结果辅助分析方面也相当方便，这一点尤其适合商业挖掘，但是它的处理能力并不强，一旦数据规模过大，就很难使用它进行数据处理。

2. 数据分析工具

在数据分析中，常用的软件工具有 Excel、SPSS 和 SAS。Excel 是一个电子表格软件，方便好用，容易操作，并且功能多，提供了很多的函数计算方法，因此被广泛使用，但它只适合做简单的统计，一旦数据量过大，Excel 将不能满足要求。SPSS 和 SAS 都是商业统计才会用到的软件，它们提供经典的统计分析处理，能让人们更好地处理商业问题。

3. 可视化工具

在数据可视化领域，最常用的软件是 TableAU。TableAU 的主要优势就是它支持多种的大数据源，还拥有较多的可视化图表类型，并且操作简单，容易操作，非常适合研究员使用。不过，它不提供机器学习算法的支持。关系分析是大数据环境下的一个新的分析热点，其最常用的是一款可视化的轻量工具——Gephi。Gephi 能够解决网络分析的许多需求，功能强大，并且容易学习，因此很受欢迎。

课　后　习　题

大数据常用的工具有哪些？

任务4 大数据应用安全

 任务导入

随着大数据技术的飞速发展，大数据应用已经融入各行各业。大数据产业正快速发展成为新一代信息技术和服务业态，需要对数量巨大、来源分散、格式多样的数据，进行采集、存储和关联分析，并从中发现新知识、创造新价值。我国大数据的应用涉及机器学习、多学科融合、大规模应用开源技术等领域。为了更好地应用大数据，需要了解有关大数据应用中面临的安全问题、风险、相关法律法规及防护方法。

学习目标

（1）了解大数据应用中面临的安全问题和风险。
（2）了解大数据安全防护的基本方法。

任务实施

1. 大数据应用中面临的常见问题和风险

大数据安全问题虽然继承传统数据安全保密性、完整性和可用性三个特性，但是也有特殊性。其常见安全问题如下。

（1）大数据本身成为网络攻击的显著目标。
（2）大数据加大隐私泄露风险。
（3）大数据对现有的存储和安防措施提出新挑战。
（4）大数据成为高级可持续攻击（APT）的载体。
（5）如何从巨量数据中过滤敏感信息内容。
（6）如何实时将最重要的舆情信息优先推送给用户。
大数据面临的安全挑战

（1）用户隐私保护。不仅限于个人隐私泄露，还在于基于大数据对人们状态和行为的预测，目前用户数据的收集、管理和使用缺乏监督，主要依靠企业自律。

（2）大数据的可信度。威胁之一是伪造或刻意制造数据，而错误的数据往往会导致错误的结论，威胁之二是数据在传播中的逐步失真。

（3）如何实现大数据访问控制。访问控制的第一个问题是难以预设角色，实现角色划分，第二个问题是难以预知每个角色的实际权限。

2. 大数据安全防护的基本方法

大数据在带来了新安全风险的同时，也为信息安全的发展提供了新机遇。保证大数据安全采取的措施表现在以下 3 个方面。

（1）安全分析。大数据正在为安全分析提供新的可能性，对巨量数据的分析有助于信息安全服务提供商更好地刻画网络异常行为，从而找出数据中的风险点。

（2）认证技术。该技术用于收集用户行为和设备行为数据，对这些数据进行分析，获得用户行为和设备行为的特征，进而确定其身份。

（3）匿名保护技术。数据发布时所用的匿名保护技术是对大数据中结构化数据实现隐私保护的核心技术。

课 后 习 题

大数据安全挑战有哪些？

项 目 小 结

本项目主要介绍大数据概念、结构类型、核心特征等基础知识，以及大数据时代背景和大数据工具。同时，阐述大数据应用中面临的常见安全问题和风险，以及大数据安全防护的基本方法。重视大数据安全问题，让大数据更好地服务各行业。

大数据理论引领发展，大数据见证新时代中国发展的伟大成就

大数据是国家的战略资源，是国家硬实力的重要部分，大数据见证了新时代中国的发展变化，中国的大数据能力目前已经处于世界领先地位。大数据的发展理论在此过程中也起着巨大的引领作用。从 2017 年到 2023 年，我们可以看到有很多大数据发展的重要论述和政策为大数据的发展指明了方向，见证了新时代中国发展的伟大成就。

有了这些政策理论的引领，大数据的作用日益显得重要。近年来，我国大数据产业迎来新的发展机遇期，产业规模日趋成熟，中国的大数据领域正在飞速发展。另外，大数据技术支持着中国政府决策，帮助中国政府在政治、经济和社会文化等多个方面进行更好的规划。中国取得了前所未有的伟大成就。大数据的应用见证了新时代中国发展的伟大成就，即中国的发展变化和成就通过大数据得以体现。可以看到大数据在中国的经济实力、财政收入、居民收入、粮食产量、消费情况、科研经费、就业情况、生产生活、外贸规模、交

通网络方面的成就非常突出。

中国的伟大成就值得每个中华儿女骄傲和自豪，更让我们自豪和骄傲的是大数据的应用和发展切切实实走进了日常生活、工作和学习中，而且在特殊时期大数据发挥了很大作用做出了巨大贡献。例如，在中国新型冠状病毒感染防控时期及防控结束之后的有序复工复产中，高价值的大数据提升了政府的社会治理能力和公共服务水平。中国大数据的应用足以证明本国大数据产业和技术的发展已经达到了先进水平，我们为生活在伟大的中国感到自豪，是中国给了中华儿女幸福感、安全感和荣誉感。

未来，随着大数据的发展和突飞猛进，中国的大数据应用和技术会更加成熟和稳定，我们要掌握好大数据技术，一定要根据大数据发展理论和国家大数据政策，利用好大数据，使大数据为未来中国的智慧发展发挥重要的作用和做出卓越的贡献。我们相信，随着大数据产业的不断发展,为政府数字化建设、智慧城市建设、国家治理体系和治理能力现代化提供支撑，大力促进国家发展。

自 测 题

大数据安全问题的风险表现在哪些方面？

项目6 人工智能

项目导读

人工智能已经融入人们的日常生活中，相关产品日新月异，正在改变人类的生活方式。本项目除了介绍人工智能基本情况，还介绍人工智能的一些模型和算法。

知识框架

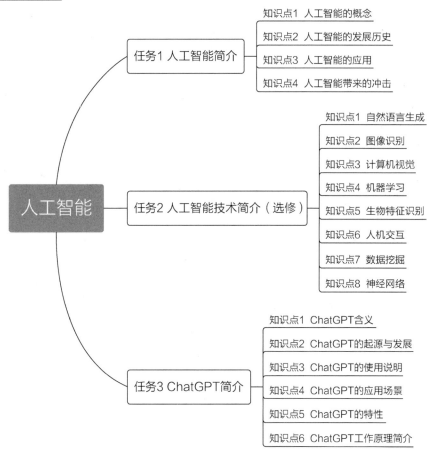

任务1 人工智能简介
　知识点1　人工智能的概念
　知识点2　人工智能的发展历史
　知识点3　人工智能的应用
　知识点4　人工智能带来的冲击

人工智能

任务2 人工智能技术简介（选修）
　知识点1　自然语言生成
　知识点2　图像识别
　知识点3　计算机视觉
　知识点4　机器学习
　知识点5　生物特征识别
　知识点6　人机交互
　知识点7　数据挖掘
　知识点8　神经网络

任务3 ChatGPT简介
　知识点1　ChatGPT含义
　知识点2　ChatGPT的起源与发展
　知识点3　ChatGPT的使用说明
　知识点4　ChatGPT的应用场景
　知识点5　ChatGPT的特性
　知识点6　ChatGPT工作原理简介

任务 1　人工智能简介

 任务导入

大数据、物联网和人工智能已经进入日常生活，本任务主要介绍人工智能的概念和应用。

 学习目标

（1）掌握人工智能的概念。
（2）了解人工智能的发展历史。
（3）了解人工智能的应用。
（4）了解人工智能带来的冲击。

▼ 任务实施

1. 人工智能的概念

人工智能（Artificial Intelligence，AI）的字面含义是指由人制造的机器所表现出的智能。具体地说，是指在计算机类专业人员的设计研发下，机器设备能自动执行某方面复杂的功能，能替代人类普通的、烦琐或危险的工作。

从研发角度看，人工智能是指研究开发用于模拟、延伸和扩展人类智能的理论、方法、技术及应用系统的一门科学技术。

从应用角度看，人工智能有时被称为机器智能，即由机器展示出来的智能，这与人类和动物展示的自然智能形成鲜明对比。通俗地说，"人工智能"用来描述模仿人类思维相关联的"认知"功能的机器，人工智能具有"自我学习"积累经验和"解决问题"的特征。

从学科角度看，人工智能是计算机科学的一个分支，人工智能领域的研究包括机器人、语言识别、图像识别、自然语言处理和专家系统等。人工智能是一门极富挑战性的科学技术，从事这项工作的人必须具有计算机知识，了解心理学和哲学等知识。

2. 人工智能的发展历史

人工智能是在 1956 年作为一门新兴学科的名称被正式提出的，自此之后，获得了迅速的发展，它的发展历史可归结为诞生、发展、繁荣几个阶段。

1950 年，著名的图灵测试诞生，"人工智能之父"是指英国著名的数学家和逻辑学家

艾伦·图灵。1954年，美国人乔治·戴沃尔设计了世界上第一台可编程机器人。1956年夏天，美国达特茅斯学院举行了第一次人工智能研讨会，被认为是人工智能诞生的标志。在这次会议上，科学家们探讨了用机器模拟人类智能等问题，并首次提出了人工智能的术语。

未来，人工智能将从专用智能普及到通用智能，将融入各行各业的应用，也将融入人类生活的方方面面；人工智能将从机器智能过渡到人机混合智能，实现人机优势互补、各取所长；人工智能将从"人工+智能"过渡到自主智能系统，即随着自主学习、深度学习、机器学习等技术的研究与发展，机器实现自主智能学习；人工智能涉及的学科越来越多，学科交叉将成为人工智能创新源泉；关于人工智能的法律法规将更加健全，人工智能毕竟是新兴学科，新兴应用，相应的法律法规将陆续出台、逐步完善；人工智能将成为更多国家的战略选择，相关国家都会加大研发力度；人工智能教育将会全面普及。此外，人工智能产业将蓬勃发展。国际知名咨询公司曾预测，2016—2025年人工智能的产业规模近乎直线上升。国务院发布的《新一代人工智能发展规划》提出，到2030年，我国人工智能核心产业规模将超过1万亿元，带动相关产业规模超过10万亿元。

在大数据、物联网、人工智能等技术领域，需要大量从事研发、测试、生产、安装、调试、运维人员，尤其在研发和测试方面，需要高尖端人才。大学生要对自己的职业方向有所规划，树立报国志向，刻苦钻研，为科技兴国、智造强国贡献力量。

3. 人工智能的应用

人工智能的应用不限于机器人，下面介绍人工智能的主要应用。

1）人工智能在医疗保健领域的应用

（1）可穿戴设备。可穿戴设备是一种直接穿在身上或整合为配件的一种便携式设备。它不仅仅是一种硬件设备，还可以通过软件支持，实现数据交互、云端交互强大的功能。

① 智能手表。智能手表（见图6-1）除了指示时间，还具有提醒、导航、校准、监测、交互等其中一种或多种功能；显示方式包括指针、数字、图像等。这方面的主要产品有成人智能手表、老人智能手表和儿童定位智能手表等。

② 智能眼镜。这里，以谷歌智能眼镜为例。谷歌智能眼镜包括一条可横置于鼻梁上方的平行框架、一个位于镜框右侧的宽条状电脑，以及一个透明显示屏，如图6-2所示。该眼镜是基于Android操作系统运行的，可以用语音操作，还可以视觉控制：当佩戴者视线方向上出现一个光标时，视线朝上，佩戴者能与光标互动，可以查看天气和发信息。智能眼镜除了具有智能手机功能，它还能与环境互动，扩充现实。

图6-1　智能手表

图6-2　谷歌智能眼镜

　　智能眼镜比较常用的三种交互方式是语音控制、手势识别和眼动跟踪。智能眼镜可提供天气、交通路线等信息，配戴者可以用语言发信息、发出拍照指令等，它还能显示附近的好友。如果看到地铁停运，智能眼镜会告诉配戴者停运的原因，提供替代路线；如果看到喜欢的书，可以查看书评和价格；如果在等朋友，智能眼镜会显示朋友的位置。

　　③ 智能腕带（手环）或鞋夹。智能腕带或鞋夹是一种识别运动类型的设备，内置传感器和红外线感应器，能检测到配戴者的体温、心跳、血液含氧量等生理数据，如图 6-3 所示。鞋帮上也可以嵌入可穿戴设备，如智能鞋夹，实现实时人身定位、身体参数检测等功能，如图 6-4 所示。

图 6-3　智能腕带（手环）

图 6-4　智能鞋夹

（2）人工智能在医疗服务领域的应用。

　　① 导诊机器人。在医院业务高峰期，提供智能医疗服务的导诊机器人（见图 6-5）可以及时响应，指导患者就医，引导分诊，同时向患者介绍医院、就诊流程和医疗保健知识等。导诊机器人通过语音识别、语音合成和自然语言理解等技术，支持语音、触控、图像等多种交互方式，改善患者的就医体验，提高医疗服务质量，它是医院智慧医疗的重要组成部分和具体体现。

　　② 检验机器人。在人工智能、大数据、云计算、云存储、物联网等技术不断与医疗、大健康行业互相渗透的背景下，检验机器人（见图 6-6）可以提供检验物的提取、检验化验、结果、疾病防控、癌症筛查、病种分布、遗传图谱、基因检测、人体数据分析等应用和服务。

图 6-5　导诊机器人

图 6-6　检验机器人

③ 疾病诊断机器人。疾病诊断机器人（见图 6-7）可以根据患者的主诉、检查结果，利用大数据分析诊断其病情，并给出处置方案。

④ 医疗处置机器人。随着人工智能技术的发展，医疗处置机器人（见图 6-8）的应用越来越多，涉及的范围越来越广。这里，以能做手术的智能机器人为例。智能机器人的动作更加精确，伤口的切口可以更小，从而降低感染风险，加速康复进程，降低手术风险。这种机器人会记录不同专家给不同患者做手术的全过程，产生大规模数据库，然后，它就可以承担相同病情的手术。例如，在偏远地区出现同类患者，医疗处置机器人就可以发挥巨大作用。

图 6-7　疾病诊断机器人

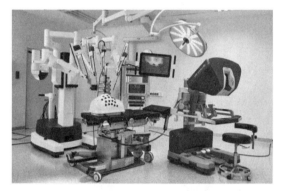

图 6-8　医疗处置机器人

⑤ 配送机器人。这类机器人比较常见，医院中的配送机器人（见图 6-9）和其他场所的配送机器人相似，可以通过系统设定，使其能进行送餐、送药、整理患者的床单和用过的餐盘、收集医疗废弃物等活动，它利用医院的 Wi-Fi 信号与中央系统通信，能躲避障碍，乘坐电梯，提高了医院的工作效率。

⑥ 机器人患者。机器人患者（见图 6-10）能够让医学专业学生大胆地动手实践。这种机器人患者拥有跳动的心脏、转动的眼睛，甚至还能呼吸，它能训练医学专业学生如何正确地测量血压和其他生命体征。

图 6-9　配送机器人

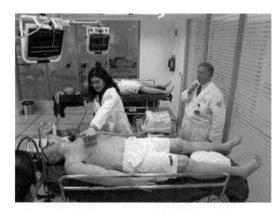

图 6-10　机器人患者

⑦ 远程实时监控机器人。过去，医院护士非常繁忙，她（他）们带着仪器设备穿梭在病床之间，带着笔和纸记录着庞杂的数据，还要把这些数据反馈给主治医生。虽然她（他）们工作得非常辛苦，但是，所提供的数据准确度和时效性并不高。远程实时监控机器人（见图6-11）可以将设备穿戴在患者身体上，将检测到的数据直接传输到主治医生监控设备上，提高了数据准确度。

⑧ 护理机器人。随着我国老龄化社会的到来，护理需求非常大。例如，医院患者需要护理，养老院老人需要护理，家里老人也需要护理。除了身体护理，他们还需要心理护理，但是，有些家属工作繁忙，无法精心照顾和长期陪伴这些患者和老人。

护理机器人（见图6-12）采用直接物理接口（DPI），护士通过接触护理机器人的身体控制它，使它不仅具有视觉、听觉、嗅觉等能力，而且还能背起患者，能为患者清洁身体，提供专业的护理。此外，还可以和患者或老人聊天。

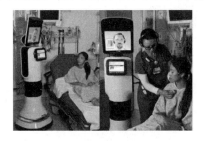
图6-11 远程实时监控机器人

图6-12 护理机器人

在医疗服务领域还有很多智能机器人，有的还在研发中。在不久的将来，更多更好的智能机器人将服务于人类的健康。特别是在新型冠状病毒感染防控期间，医疗服务机器人在体温测试、场地消毒、物资配送、检测检验和治疗等方面提供无接触式服务，大大减少传染机会。

2）人工智能在汽车领域的应用

人工智能在汽车领域的应用表现在无人驾驶和汽车制造两个方面。

（1）无人驾驶。无人驾驶已经家喻户晓了，它的好处显而易见。2017年12月2日，深圳无人驾驶公交车正式上路。不仅在中国是第一次，在全世界也是首例。近年来，自动驾驶已经成为全球汽车行业未来发展的主流趋势。

无人驾驶利用机器学习技术模仿人类在各种驾驶情景下的处置方法并存储到系统，当遇到同类情景时自动处置。无人驾驶汽车如图6-13所示。

图6-13 无人驾驶汽车

（2）汽车制造。以往生产线上的工作非常单调，操作者的工作效率和工作质量也不高。然而，随着机器人在生产线上的使用，生产质量和效率大大提高，生产成本也大大降低。图 6-14 所示为汽车制造生产线上的机器人。

图 6-14　汽车制造生产线上的机器人

3）人工智能在财经领域的应用

财经涉及面很广，长期以来一直靠人工进行计划、预测、统计、监控、反馈、调节、决策和总结等工作，效率低下。后来，出现了以企业资源计划（ERP）为代表的管理信息系统，解放了一部分人力。随着大数据时代的到来，仅靠人工或管理信息系统是远远不够的。大数据、人工智能等技术的应用，将使财经工作进入更高效、更安全、更便捷和更智能的模式。

金融机构长期以来一直使用人工神经网络系统检测超出正常范围的指控或索赔，可以自动、快速地检测出异常行为，防范危险的违规或违法行为并警示，为个人或有关部门的调查提供标记。

银行使用人工智能系统自动、快速、智能地组织运营、维护簿记、投资股票和管理财产。人工智能可以在一夜之间或在业务暂停时对变化做出反应。人工智能还通过监控用户的行为模式减少欺诈和金融犯罪，并且具有自动预警/报警功能。

基于人工智能的买卖平台改变了供求规律。通过大数据和人工智能可以很容易地估计个性化的需求和供应曲线，从而进行个性化定价。受人工智能影响的其他理论包括理性选择、理性预期、博弈论、刘易斯转折点、投资组合优化和反事实思维。图 6-15 所示为财经领域的人工智能。

图 6-15　财经领域的人工智能

4）人工智能在政府工作中的应用

人工智能在虚拟政务助理、智能会议、公文处理以及辅助决策等领域有着广阔的应用前景，将有效提升政府效能，缓解人力短缺，提升服务能力和政府形象。

5）人工智能在教育中的应用

从黑板到投影电子屏幕，从智能手机到教育机器人，人工智能将逐渐在学校课堂、家庭辅导中使用。图 6-16 所示为人工智能在教育中的应用示例。

图 6-16 人工智能在教育中的应用示例

6）人工智能在农业中的应用

人工智能在农业中的应用包括种植种类指导、种植过程监控、种植行为协助、农产品收割、储存、销售、总结与评价等，如图 6-17 所示。例如，农业专家系统可以代替农业专家群体走向田间，进入普通农家，指导农民科学种田。农业专家系统包含农业各个领域的专家经验、知识，如作物栽培、植物保护、配方施肥、农业经济效益分析等。

图 6-17 人工智能在农业中的应用示例

7）人工智能在交通中的应用

堵车和违章是交通中的热点话题。政府职能部门需要考虑交通建设规划、交通疏导、违章抓拍、违章预警处理等问题，尤其是交通疏导和违章抓拍等，仅靠交警肯定无法解决问题。智能导航系统、智能抓拍系统、违章预警处理系统等人工智能产品的出现和应用将大大缓解交警工作压力，提高工作质量，提高交通参与者的体验感。人工智能在交通中的应用示例如图 6-18 所示。

图 6-18　人工智能在交通中的应用示例

8）人工智能在家居生活中的应用

物联网和人工智能引领我们的家居生活进入智能化、舒适化、便捷化时代，扫地机器人、智能音箱、手机控制的空调、语音控制的窗帘/灯饰等产品越来越多，居住得越来越舒服。机器人配送、无人机配送使我们足不出户购物。人工智能在家居生活中的应用产品（见图 6-19）处于研发高峰期，随着智能产品的投入使用，我们的生活越来越便利。

全屋智能家具在设计方面有如下特色：适用性、安全性、人文性、可操作性和观赏性。从智能家居到智能小区再到智慧城市，人工智能发展之路还很长。

图 6-19　人工智能在家居生活中的应用产品

以上介绍了人工智能的一些应用，当然，人工智能的应用不止于上述领域。例如，人工智能在军事、审计、广告、艺术和建筑等领域也有着广泛的应用。

随着大数据、物联网、云计算和 5G 技术的成熟推广应用，人工智能应用会越来越广泛，我国信息化水平会越来越高，人民生活会越来越幸福。

4. 人工智能带来的冲击

各行各业，都面临机器人取代人的局面，机器人的优势是显而易见，特别重要的一点是机器不知疲倦和没有情绪，不会因人为因素而影响工作。

（1）未来可能被人工智能取代的职业。总的来说，人工智能将会取代各行业中的低端工作岗位，如驾驶人、生产线工人、服务员、售货员、导购员、收银员、会计、保姆、护理人员、快递员、外卖配送员、排队员、导游、乘务员、环卫工人等。当然，这种取代需要一个过程，但是，趋势不可避免。

（2）未来暂时不会被人工智能取代的职业。

① 需要情感交流，如幼师。

② 新一代信息技术从业人员，如研发、安装、调试、运维等。

③ 设计人员，如软件工程师。

④ 中高端专业技术人员，如主任医师。

⑤ 高层领导，如总经理。

⑥ 艺术人员，如歌手。

⑦ 高级护理人员。

⑧ 新闻采编人员，如记者。

⑨ 心理咨询师。

⑩ 律师。

⑪ 运动员。

⑫ 安保人员。

⑬ 非常高端的白领。

当然，任何东西都不是绝对的。我们需要及时关注技术发展，关注人工智能技术的发展，具备预判能力，学会适应环境，更要懂得居安思危，要及时"充电"提升能力，这样才可能应对随时而来的变化。

课后习题

（1）简述人工智能的概念。

（2）结合自身实际谈一谈人工智能带来的冲击及应对措施。

任务2 人工智能技术简介（选修）

任务导入

作为高科技的人工智能，它涉及大量的、高端的技术，大批科研人员对此做出了不懈的努力。

学习目标

了解以下人工智能技术。
（1）自然语言生成。
（2）图像识别。
（3）计算机视觉。
（4）机器学习。
（5）生物特征识别。
（6）人机交互。
（7）数据挖掘。
（8）神经网络。

任务实施

1. 自然语言生成

自然语言生成技术能实现人与机器人之间用自然语言进行有效通信，这类技术主要包括机器翻译、语义理解和问答系统等。

机器翻译是指利用计算机技术实现从一种自然语言到另一种自然语言的翻译过程。语义理解是指利用计算机技术实现对文本的理解，并且回答与文本相关问题的过程，它更注重对上下文的理解以及对答案精准程度的把控。问答系统是指让计算机像人类一样用自然语言与人交流的技术，人可以向问答系统提交用自然语言表达的问题，问答系统会提供关联性较高的答案，引导机器人。

2. 图像识别

在图像识别中，既要有当前进入感官的信息，也要有记忆中存储的信息。只有通过存储的信息与当前的信息进行比较的加工过程（比对），才能实现对图像的再认。

在交通监控方面，平均每秒有两台车从监控摄像头下通过，监控摄像头要抓拍车牌，不仅要快速识别车牌号，还要判定这台车是否违章。如果判定这台车违章，就要保留图像证据，通知驾驶人或车主。这些工作要在短时间内高效、准确地完成，这就是图像识别的功劳。

3. 计算机视觉

计算机视觉是使用计算机模仿人类视觉系统的科学，让计算机拥有类似人类提取、处理、理解和分析图像以及图像序列的能力。自动驾驶、机器人、智能医疗等领域均需要通过计算机视觉技术从视觉信号中提取并处理信息。

4. 机器学习

机器学习是人工智能的主要技术，机器不断地学习在特定情况下人类的做法，不断地积累经验与知识，从而在出现类似情况需要决策时，机器会从学习的经验库中提取对应的做法解决问题。自动驾驶、智能医疗等领域均需要该技术。

机器学习研究计算机怎样模拟或实现人类的学习行为，以获取新的知识或技能，重新组织已有的知识结构，使之不断改善自身的性能。因此，它是人工智能技术的核心。此类研究从观测数据（样本）中寻找规律，利用这些规律对未来数据或无法观测的数据进行预测。

根据学习模式、学习方法以及算法的不同，机器学习存在不同的分类方法。根据学习模式，将机器学习分类为监督学习、无监督学习和强化学习等。根据学习方法，可以将机器学习分为传统机器学习和深度学习。机器学习的常见算法包括迁移学习、主动学习和演化学习等。

其中，深度学习是机器学习的一种类型，它训练计算机执行类似于人类的任务，通过使用多层处理识别模式训练计算机自己学习，如识别语音、识别图像或进行预测。

5. 生物特征识别

生物特征识别技术是指通过个体生理特征或行为特征对个体身份进行识别认证的技术。生物特征识别通常分为注册和识别两个过程，在注册过程，通过传感器对人体的生物表征信息进行采集，利用数据预处理以及特征提取技术对所采集的数据进行处理，得到相应的特征并存储这些信息。识别过程采用与注册过程一致的信息采集方式对待识别人进行信息采集、数据预处理和特征提取，然后将提取的特征与存储的特征进行比对分析，完成识别。

生物特征识别技术涉及的内容十分广泛，包括指纹、掌纹、人脸、虹膜、指静脉、声纹、步态等多种生物特征，其识别过程涉及图像处理、计算机视觉、语音识别、机器学习等多项技术。目前生物特征识别作为重要的智能化身份认证技术，在金融、公共安全、教育、交通等领域得到广泛的应用。

6. 人机交互

人机交互主要研究人和计算机之间的信息交换，主要包括从人到计算机和从计算机到人的两部分信息交换，它是人工智能领域的重要外围技术。人机交互是与认知心理学、人机工程学、多媒体技术、虚拟现实技术等密切相关的综合学科。传统的人与计算机之间的信息交换主要依靠交互设备进行，主要包括键盘、鼠标、操纵杆、数据服装、眼动跟踪器、位置跟踪器、数据手套、压力笔等输入设备，以及打印机、绘图仪、显示器、头盔式显示器、音箱等输出设备。人机交互技术除了传统的基本交互和图形交互，还包括语音交互、情感交互、体感交互及脑机交互等技术。

7. 数据挖掘

数据挖掘是指从大量的、不完全的、有噪声（干扰、不规则、无意义）的、模糊的、随机的数据集中识别有效的、新颖的、潜在有用的、最终可理解的信息的过程。它包括机器学习、数理统计、神经网络、数据库、模式识别、粗糙集、模糊数学等相关技术。

数据挖掘可粗略地概括为三步骤：数据准备、数据挖掘及结果的解释评估。

8. 神经网络

神经网络也称为人工神经网络、神经计算、连接主义人工智能、并行分布处理等。一个神经网络是一个由简单处理元构成的、规模宏大的并行分布处理器，具有存储经验知识和使之可用的特性。神经网络从两个方面模拟大脑。

（1）神经网络获取的知识是从外界环境中学习得来的。

（2）内部神经元的连接强度，即突触权值，用于储存获取的知识。

课 后 习 题

简述人工智能涉及的技术，可以查阅资料进行扩充。

任务3 ChatGPT 简介

 任务导入

2023 年初，ChatGPT 进入大众视野。计算机从业者、爱好者极力追捧，各种平台积极响应，提供支持，招揽用户。到 2023 年下半年，许多行业从业者开始在自己的工作中使用这一新技术，提高工作效率和工作质量。ChatGPT 到底是什么？它的应用领域如何？它带给人类的冲击怎样？

学习目标

（1）掌握 ChatGPT 含义。
（2）了解 ChatGPT 的起源与发展。
（3）掌握 ChatGPT 的使用说明。
（4）熟悉 ChatGPT 的应用场景。
（5）熟悉 ChatGPT 的特性。
（6）了解 ChatGPT 工作原理简介。

任务实施

1. ChatGPT 含义

ChatGPT 是组合词，其中，Chat 表示聊天，GPT 是一种预训练语言模型的缩写。ChatGPT 英文全名是 Chat Generative Pre-trained Transformer，中文名是聊天生成型预训练变换模型。它是由美国人工智能实验室 OpenAI 研发的通用聊天机器人，于 2022 年 11 月 30 日上线。ChatGPT 是个会回答问题、会说话、会创作、会编程序的人工智能，与常用的搜索引擎相比，ChatGPT 更智能，它能依据上下文自动改进自己的答复，它会思考，会判断，会拒绝，等等。因此，ChatGPT 迅速吸引了大量用户。

ChatGPT 回答问题示例如图 6-20 所示。
ChatGPT 语音对话示例如图 6-21 所示。
ChatGPT 创作示例如图 6-22 所示。
ChatGPT 编写代码示例如图 6-23 所示。

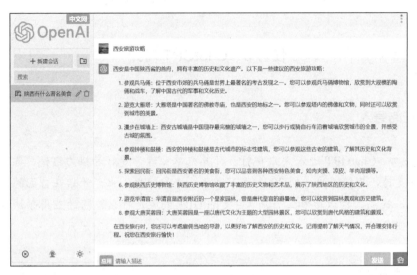

图 6-20 ChatGPT 回答问题示例

图 6-21 ChatGPT 语音对话示例

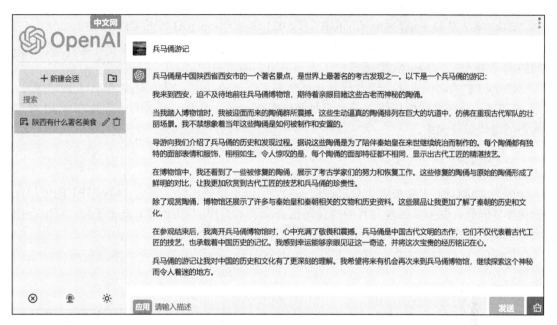

图 6-22　ChatGPT 创作示例

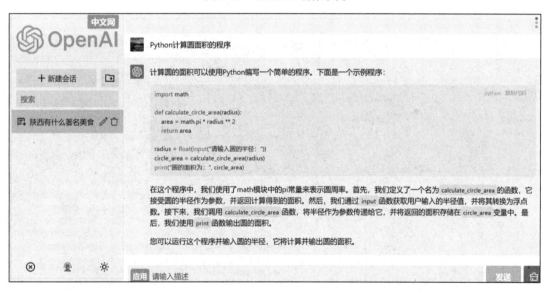

图 6-23　ChatGPT 编写代码示例

2. ChatGPT 的起源与发展

GPT 是比较著名的聊天机器人技术之一，是由美国人工智能研究实验室 OpenAI 创建的一系列自然语言处理模型。

2018 年 6 月 OpenAI 发布 GPT-1 模型，2019 年 2 月 OpenAI 发布 GPT-2 模型，2020 年 6 月 OpenAI 发布 GPT-3 模型。

2020 年 7 月 OpenAI 发布 ChatGPT-1，2021 年 9 月 OpenAI 发布 ChatGPT-2，2022 年 7 月 OpenAI 发布 ChatGPT-3，2022 年 11 月 30 日全新对话式 AI 模型 ChatGPT-3.5 正式发布。2023 年 3 月 15 日 OpenAI 震撼推出了大型多模态模型 GPT-4。

ChatGPT 的迭代升级，给各行各业都带来了巨大的冲击。国外生成式 AI 大规模爆发，AI 大战呈"一超多强"局势。学术界对此持谨慎态度，但不可否认的是，教育与 AI 深度融合的时代即将到来。

3. ChatGPT 的使用说明

因为 ChatGPT 主要是给大众提供服务的，所以不管使用什么平台，ChatGPT 的使用比较简单。但是，很多以盈利为目的的公司也提供了不正规的 ChatGPT 链接平台，可能会使大众遭受经济损失。

ChatGPT 的使用主要包括网页版、微信公众号、小程序等平台。下面简单介绍它的使用。

1）网页版

在浏览器中输入 ChatGPT 官网地址 https://openai.com/blog/ChatGPT，按 Enter 键，可以进入 ChatGPT 官网首页，显示英文简介的 ChatGPT 官网首页如图 6-24 所示。

图 6-24　显示英文简介的 ChatGPT 官网首页

经过简单翻译后，显示中文简介的 ChatGPT 官网首页，如图 6-25 所示。

在图 6-25 中，单击"尝试 ChatGPT"按钮或链接，即可出现会话界面，如图 6-26 所示。

图 6-25 显示中文简介的 ChatGPT 官网首页

图 6-26 ChatGPT 会话界面

下面介绍 ChatGPT 中文版网页的使用。在浏览器中输入 ChatGPT 中文网地址 https://ChatGPTol.cn，按 Enter 键，可以打开公益版 OpenAI 中文页面，如图 6-27 所示。

图 6-27　公益版 OpenAI 中文页面

这时，用户就可以开始使用免费的 ChatGPT 了，ChatGPT 中文网页参考界面如图 6-28 所示。

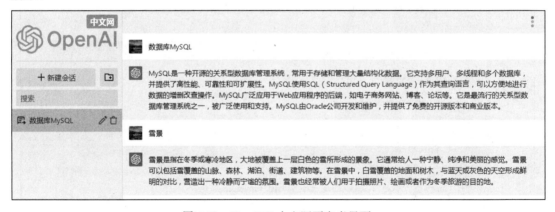

图 6-28　ChatGPT 中文网页参考界面

2）微信公众号

在微信主界面搜索 ChatGPT，可以看到相关结果，参考界面如图 6-29 所示。选择一种搜索结果，进入会话界面，如图 6-30 所示。

3）小程序

在手机应用商城搜索 ChatGPT，安装 ChatGPT 小程序的参考界面如图 6-31 所示。选

择一种小程序，安装、启动、登录后就可以使用了，使用 ChatGPT 小程序的参考界面如图 6-32 所示。

图 6-29　微信搜索 ChatGPT 的参考界面

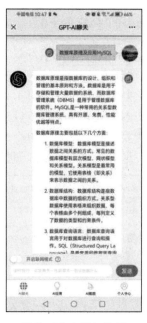

图 6-30　微信（公众号）使用 ChatGPT

图 6-31　安装 ChatGPT 小程序的参考界面

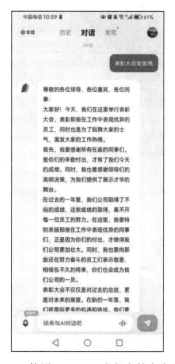

图 6-32　使用 ChatGPT 小程序的参考界面

随着使用次数的增加和功能的增多，好多平台要收取相应的费用。请谨慎辨别使用，谨防上当受骗。

4. ChatGPT 的应用场景

目前，ChatGPT 的应用场景主要有以下几种。

1）日常办公

在日常办公领域，ChatGPT 作为辅助工具，极大地提高了工作效率和工作质量。具体应用包括文本摘要、信息提取、文本分类、角色提示、推理等。

文本摘要是指对给定的单个或多个文本进行概括，即在保证能够反映原文档重要内容的前提下，尽可能简明扼要地概括文本。其文本摘要参考效果如图 6-33 所示。

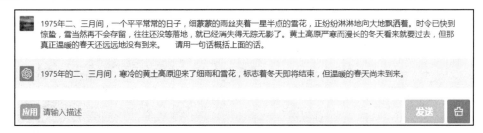

图 6-33　ChatGPT 文本摘要参考效果

信息提取是指从自然语言文本中抽取出特定的事件或事实信息，将这些巨量内容自动分类、提取和重构。信息提取可以帮助用户抽取感兴趣的事实信息。其信息提取参考效果如图 6-34 所示。

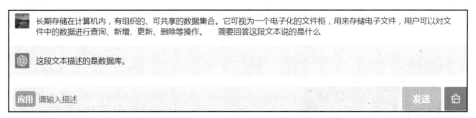

图 6-34　ChatGPT 信息提取参考效果

文本分类是指对文本按照一定的分类体系或标准进行自动分类标记，该功能可帮助用户更高效的获取信息。其文本分类参考效果如图 6-35 所示。

图 6-35　ChatGPT 文本分类参考效果

角色提示是指通过为模型提供特定角色,引导 ChatGPT 输出信息的一种方法。使用角色提示前,用户需要为模型提供一个明确且具体的角色。其角色提示参考效果如图 6-36 所示。

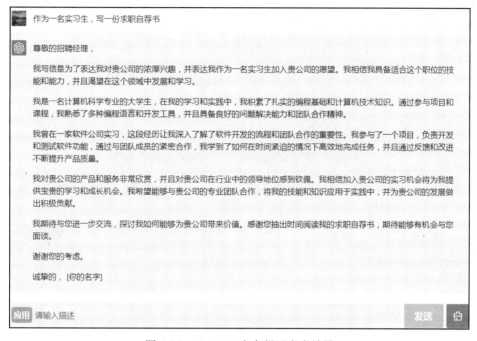

图 6-36　ChatGPT 角色提示参考效果

推理一直是大模型训练的难点和挑战,ChatGPT 系列模型在涉及数学能力的任务上已经有了一些改进,可以辅助完成一些简单的任务。其推理参考效果如图 6-37 所示。

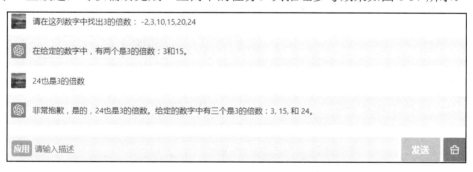

图 6-37　ChatGPT 推理参考效果

2)教育领域

在教育领域,ChatGPT 作为一种在线辅导工具,为大众提供个性化、多样化、智能化的学习支持,具体应用包括智能教学助手、个性化学习推荐、教学评估与反馈、翻译和智能辅导等。

(1)为老师制作电子课件(PPT)。输入主题和 PPT 页数,可以生成 Markdown 源代码模式的 PPT 文档,如图 6-38 所示。

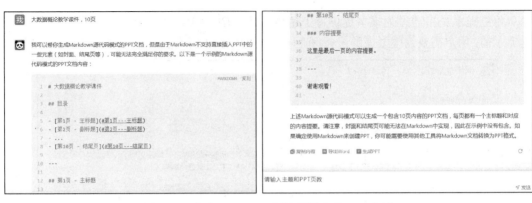

图 6-38　生成 Markdown 源代码模式的 PPT 文档

在图 6-38 所示界面中单击"生成 PPT"按钮，可以得到制作好的 PPT，如图 6-39 所示。

图 6-39　制作好的 PPT

在图 6-39 所示界面中单击"下载"按钮，可以下载 PPT，如图 6-40 所示。

图 6-40　下载 PPT

打开下载的 PPT，可以进行修改、完善，如图 6-41 所示。

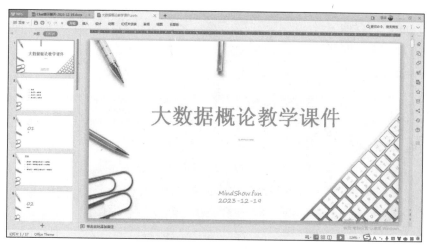

图 6-41 修改和完善下载的 PPT

（2）为学生构思绘图。首先设置绘图参数，如图 6-42 所示。

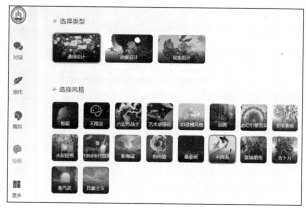

图 6-42 设置绘图参数

在图 6-42 所示界面中单击"开始生成图片"按钮，ChatGPT 可以生成一幅图片，如图 6-43 所示。

图 6-43　ChatGPT 生成图片

3）ChatGPT 在医疗领域的应用

在医疗领域，ChatGPT 可以协助医疗工作者进行病例分析、诊断和治疗建议，具体应用包括辅助诊断、智能问诊、医学研究、医患沟通等。例如，为患者分析病情并提出建议，如图 6-44 所示。

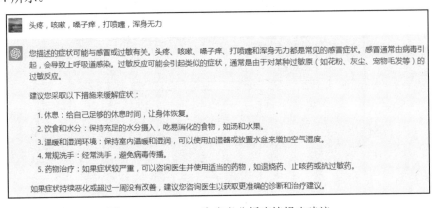

图 6-44　ChatGPT 为患者分析病情提出建议

4）ChatGPT 在金融领域的应用

ChatGPT 在金融领域的应用主要包括投资建议与市场分析、风险管理与预警、智能客服、信贷审批等。例如，为投资者或创业者提出建议，如图 6-45 所示。

5）客户服务领域

ChatGPT 客户服务领域主要包括智能客服系统、产品推荐与营销、售后服务与投诉处理、用户画像与行为分析、信贷审批等。例如，为用户画像与行为分析，如图 6-46 所示。

图 6-45 ChatGPT 为投资者或创业者提出建议

图 6-46 ChatGPT 为用户画像与行为分析

ChatGPT 的应用范围和影响力有望进一步扩大，为人类带来更多的便利和价值。功能无比强大的 ChatGPT 会代替人类吗？有专家认为技术、媒体、法务、分析、教育、客服等工作被人工智能取代的风险最高。不过，技术的发展也会催生出我们现在难以想象的新职业。

5. ChatGPT 的特性

ChatGPT 以文字或语音形式与用户交互，能回答连续性的问题，具有承认自己的错误、质疑不符合逻辑的提问甚至拒绝不合理的要求等特性。

1）承认自己的错误

ChatGPT 具有自我纠错的功能，它也会在聊天的过程中更正之前犯过的错误，如图 6-47 中的自我纠错。

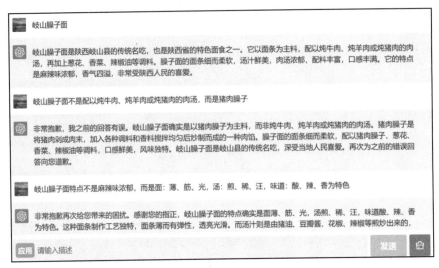

图 6-47 ChatGPT 自我纠错

2）质疑不符合逻辑的提问

对于不符合逻辑的提问，ChatGPT 会表示质疑，如图 6-48 所示。

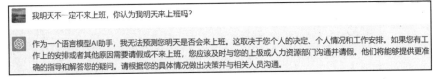

图 6-48 ChatGPT 质疑不符合逻辑的提问

3）拒绝不合理的要求

对于违反伦理道德甚至违法乱纪等不合理的要求，ChatGPT 拒绝回答，如图 6-49 所示。

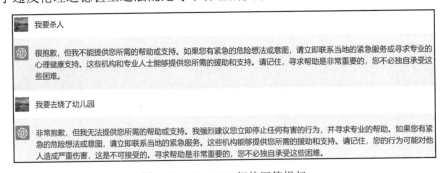

图 6-49 ChatGPT 拒绝回答提问

用户要正确使用 ChatGPT 提高工作效率和工作质量，杜绝不合理、不正当使用 ChatGPT。

6. ChatGPT 工作原理简介

ChatGPT 是大数据、人工智能等多项新技术的综合应用。它的工作原理简述如下：首

先，采用大数据技术产生庞大的知识库；然后，根据输入词条中的关键字在知识库里面查找、组合，最后给出答案。这相当于查字典，首先要建立字典内容，然后用拼音、部首等检字法去查找并展示结果。

在人工智能领域，语音识别、图像处理等技术给 ChatGPT 提供了更多更好的功能。

课 后 习 题

一、填空题

（1）ChatGPT 是＿＿＿＿＿＿＿＿＿＿公司发布的通用聊天机器人。

（2）ChatGPT 是＿＿＿＿＿＿＿＿＿＿技术和＿＿＿＿＿＿＿＿＿＿技术的综合应用。

二、多项选择题

（1）ChatGPT 具有的功能是（　　　　）。

    A. 回答问题　　　　B. 会说话　　　　　C. 会创作　　　　　　D. 会编程序

（2）ChatGPT 的应用场景主要有（　　　　）。

    A. 教育领域　　　　B. 医疗领域　　　　C. 金融领域　　　　　D. 客服领域

（3）ChatGPT 的特性有（　　　　）。

    A. 承认自己的错误　　　　　　　　B. 质疑不符合逻辑的提问

    C. 拒绝不合理的要求　　　　　　　D. 广告少

三、判断题

（1）ChatGPT 是国内公司研发的通用聊天机器人程序。　　　　　　　　　　（　　　）

（2）ChatGPT 不会编制和调试程序。　　　　　　　　　　　　　　　　　　（　　　）

（3）ChatGPT 每次回答出来的答案是完全一样的。　　　　　　　　　　　　（　　　）

（4）用 ChatGPT 写论文没有任何问题，可以被编辑部无条件采纳。　　　　（　　　）

四、结合本任务的学习，简述你对 ChatGPT 的看法。

五、上机操作题：参照本任务的教学视频和讲解，上机完成案例。

项 目 小 结

本项目介绍了人工智能的概念、发展历史、应用和涉及的技术。人工智能正在引领科技，改变我们的生活。

人工智能我国在行动

我国人工智能的发展历程可以追溯到 20 世纪 50 年代末和 60 年代初。近年来，我国在人工智能领域取得了显著进展，并已成为全球人工智能发展的重要力量之一。我国已将人工智能作为国家战略。

我国政府高度重视人工智能发展，并发布了一系列政策文件和规划。我国还投入大量资源用于研究机构建设、人才培养和科技项目资助，促进了人工智能技术的发展。

我国的科研机构、高等院校和企业在深度学习、机器学习、计算机视觉和自然语言处理等领域的研究处于国际领先地位，我国拥有众多人工智能领域的优秀研究人员和专业人才。近年来，该领域的人才培养不断加强，许多优秀学生选择在人工智能领域进行深造，并吸引了一些国外顶尖人才回国发展。

我国将人工智能技术应用于各个行业，如金融、制造业、医疗保健、交通和农业等，在人工智能驾驶、人脸识别支付、智能客服等方面处于全球领先地位。我国的人工智能企业在全球范围内具有竞争力，并且发展了一批知名的人工智能企业，如百度和腾讯等。

我国拥有庞大的互联网用户群体和巨量的数据资源，这些数据为算法的训练和模型的改进提供了支持，为人工智能的研究和应用提供了有利条件。我国拥有庞大的消费市场和制造业基础，这为应用人工智能技术的应用提供了广阔的空间。目前，我国已经形成涵盖人工智能硬件、算法、平台和应用的完整产业链，各类企业从初创公司到大型互联网巨头纷纷涉足人工智能领域。

我国在人工智能领域取得了许多重大突破和成就。例如，"天医智"医疗影像诊断系统、量子计算机研究、语音识别技术、无人驾驶技术等都是代表性的项目和成果，这些重大突破和成就证明了我国在人工智能领域的创新实力和技术水平。

总体来说，我国在人工智能技术研究、产业应用、政府支持和数据资源方面都具备优势，为我国在国际舞台上发挥重要作用奠定了基础。未来，我国将继续发挥巨大影响力，推动技术创新和社会进步。

人工智能涉及行业众多，岗位众多，大学生在人工智能领域肯定有用武之地。为此，大学生要有信心和决心，要努力学习，尽早投入人工智能行业中，为大国崛起而奋斗。

自 测 题

请思考以下几个问题。

（1）人工智能会取代哪些职业？

（2）哪些职业不会被人工智能取代？

（3）你将来的职业会被人工智能取代吗？为什么？

（4）面对人工智能的广泛应用，你有什么想法？

（5）面对人工智能，你有什么设想？

项目7 云 计 算

项目导读

　　在科学领域、经济领域及社会生活的方方面面，呈现出巨量数据特征，在巨量数据中蕴含着人类各种行为、心理信息。这些信息都需要被高效高质量地处理，因此云计算应运而生。对企业来说，云计算有可能改变运营模式，也可以降低成本等。熟悉和掌握云计算技术及其关键应用，是助力新基建、推动产业数字化升级、构建现代数字社会、实现数字强国的关键技能之一。

知识框架

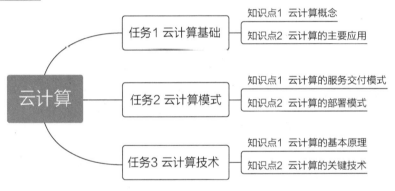

任务 1　云计算基础

任务导入

　　云计算是一种利用互联网实现随时随地、按需、便捷地使用和共享计算设施、存储设备、应用程序等资源的计算模式。为了更好地掌握云计算，需要从基础学起，对其进行全方位了解。

学习目标

　　（1）掌握云计算概念。
　　（2）了解云计算的主要应用。

任务实施

　　"云"实质上就是一个网络，在狭义上，云计算就是一种提供资源的网络，用户可以随时获取"云"上的资源，按需求量使用，并且它是无限扩展的，用户只要按使用量付费就可以。

　　1. 云计算概念

　　云计算（Cloud Computing）是指将硬件、软件网络等系列资源统一，以实现数据的计算、存储、处理和共享的一种计算机虚拟化技术。云计算虚拟展示如图 7-1 所示。

图 7-1　云计算虚拟展示

云计算是一个定义宽松的术语，是指经过因特网连接那些具有处理能力、存储、软件或其他计算服务的任何系统，通常使用 Web 浏览器连接。这些服务一般是向某个拥有和管理它们的外部公司租用的。

美国国家标准与技术研究院（NIST）定义的云计算基本特征如下：

（1）广泛的网络接入。借助网络和标准机制接入可供使用的能力。

（2）快速的弹性。云计算使用户能够根据特定服务需求扩展或减少资源。

（3）可测量的服务。云系统自动地控制和优化资源使用，通过适合服务类型的某种层次的抽象改变计量能力，这些服务包括存储、处理、带宽和主动用户账户等；能够监视、控制和报告资源使用，对提供商和使用服务的消费者提供透明性服务。

（4）按需自助服务。消费者能够自动地根据需求单方面地留出计算能力（如服务器时间和网络存储），而不要求用户与每个服务提供商交互。

（5）资源池。使用多租户模式服务于多个消费者，提供商的计算资源被池化，不同的物理和虚拟资源被动态分配并根据消费者的需求重新分配，具有某种程度的位置无关性。

云计算提供规模经济、专业的网络管理和专业的安全管理。个人、企业和政府机构都无须为建立数据库系统、获取所需的硬件、维护和备份数据等工作操心，因为云服务的一部分工作就可以处理这些。

云计算的核心思想是将大量用网络连接的计算资源统一管理和调度，构成一个计算资源池并向用户按需服务。

2. 云计算的主要应用

云计算应用的典型场景如下：

（1）App 部署。通过云平台部署 App 应用，可以根据目前用户数量动态调整需要的硬件以及网络带宽等资源，随时调整，随时生效，非常方便，而且使用成本非常廉价。

（2）企业商务网站及办公。通过云计算平台提供开发模块，企业商务网站可以根据目前最新的客户需求进行网站的动态扩张。商业模式推出之后，企业商务网站会迅速完成软件部署。

云计算的分布式存储特点与目前的很多行业应用契合，如连锁销售、金融、交通、医疗等。这些行业应用物理分散逻辑集中的分布式特点，通过云计算平台完成独立运行、安全运行和整合运行。通常行业应用往往需要与大数据相结合，而大数据就是云计算发展到一定阶段的必然产物，因此云计算与大数据在使用过程中并不"分家"。

云计算具体应用形式如下：

（1）金融云。金融云是指利用云计算的模型构成原理，将金融产品、信息、服务分散到庞大分支机构所构成的云网络当中，使金融机构提高迅速发现并解决问题的能力，提升整体工作效率，改善流程，降低运营成本。

（2）制造云。制造云是指云计算向制造业信息化领域延伸与发展后的实践，用户通过网络和终端就能随时按需获取制造资源与能力服务，进而智慧地完成其产品在制造全周期的各类活动。

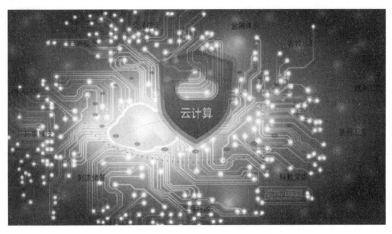

图 7-2　云计算应用图

（3）教育云。教育云是指"云计算技术"的迁移在教育领域中的应用，包括教育信息化所必需的一切硬件计算资源。这些资源经虚拟化之后，向教育机构、从业人员和学习者提供一个良好的云服务平台。

（4）医疗云。医疗云是指在医疗卫生领域采用云计算、物联网、大数据、4G/5G/6G 通信移动技术及多媒体等新技术的基础上，结合医疗技术，使用"云计算"的理念构建医疗健康服务云平台。

（5）云游戏。云游戏是指以云计算为基础的游戏方式，在云游戏的运行模式下，所有游戏都在服务器端运行，并将渲染完毕后的游戏动画压缩后通过网络传输给用户。

（6）云会议。云会议是指基于云计算技术的一种高效、便捷、低成本的会议形式。用户只需要通过互联网界面，进行简单易用的操作，便可快速高效地与全球各地团队及客户同步分享语音、数据文件及视频。

（7）云社交。云社交（Cloud Social）是一种物联网、云计算和移动互联网交互应用的虚拟社交应用模式，以建立著名的"资源分享关系图谱"为目的，进而开展网络社交。

（8）云存储。云存储是指通过集群应用、网格技术或分布式文件系统等功能，将网络中大量各种不同类型的存储设备通过应用软件集合起来协同工作，共同对外提供数据存储和业务访问功能的一个系统。

课 后 习 题

一、名词解释

云计算。

二、简答题

云计算的核心思想是什么？

任务 2　云计算模式

云计算引发了软件开发部署模式的创新，成为承载各类应用的关键基础设施，并为大数据、物联网、人工智能等新兴领域的发展提供基础支撑。云计算已成为推动制造业与互联网融合的关键要素，是推进制造强国、网络强国战略的重要驱动力量。云计算的最终目标是将计算、服务和应用作为一种公共设施提供给公众，使人们能够像使用水、电、煤气和电话那样使用计算机资源。这些功能的实现途径和模式很重要，因此需掌握云计算模式。

（1）掌握云计算的服务交付模式。
（2）掌握云计算的部署模式。

任务实施

云计算模式具体分为服务交付模式和部署模式。

1. 云计算的服务交付模式

云计算是一种新的计算资源使用模式，云端本身就是 IT 系统，云计算的一个具型特征就是 IT 服务化。其运算能力通过互联网以服务的形式交付给用户，于是就形成了云计算商业模式。云计算是一种全新的商业模式。云服务提供商以 3 种模式出租计算资源，满足云服务消费者的不同需求，这 3 种模式就是云计算服务交付的 3 种模式，分别是基础设施即服务（IaaS）、平台即服务（PaaS）和软件即服务（SaaS），如图 7-3 所示。

1）基础设施即服务

基础设施即服务（IaaS）是指通过云计算提供的一组功能，云服务客户可以分配和使用其中的功能，如处理、存储或联网等资源。

2）平台即服务

平台即服务（PaaS）也是指通过云计算提供的一组功能，在这种模式中，托管服务供应商提供工作平台帮助客户解决问题，包括执行运行时间、数据库、Web 服务、开发工具和操作系统，客户无须手动分配资源。

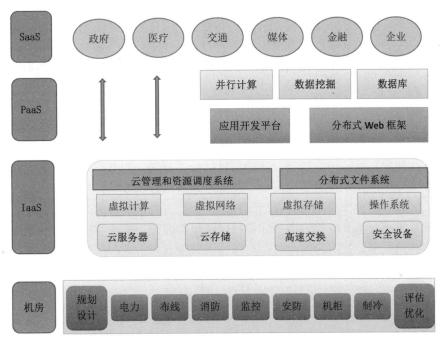

图 7-3　云计算服务交付模式

3）软件即服务

软件即服务（SaaS）也是指通过云计算提供的一组功能，用户可以使用云服务提供商的应用软件，这种模式包括类似虚拟桌面、各种实用应用程序、内容资源管理、电子邮件、软件及其他等软件部分。

2. 云计算的部署模式

很多机构会将主要部分或全部的信息技术操作迁移到企业云计算中，而这样的操作会涉及云的所有权和管理问题，面临多种选择，这种情况就牵涉云计算的部署模式了。

云计算有 4 种部署模式如图 7-4 所示，每种都具备独特的功能，满足用户不同的要求。

图 7-4　云计算的 4 种部署模式

（1）公有云。在公有云模式下，云计算服务由第三方提供商完全承载和管理，为用户提供价格合理的计算资源访问服务，用户无须购买硬件、软件或支持基础架构，只须为其使用的资源付费。公有云用户无须支付硬件带宽费用、投入成本低，但数据安全性低于私有云。

（2）私有云。在私有云模式下，企业自己采购基础设施，搭建云平台，在此之上开发应用的云服务。私有云可充分保障虚拟化私有网络的安全，但投入成本相对公有云更高。

（3）混合云。混合云一般由用户创建，而管理和运维职责由用户和云计算提供商共同分担，用户在使用私有云作为基础设施的同时结合了公共云的服务策略。在这种模式下，用户可根据业务私密性程度的不同，自主在公有云和私有云之间切换。

（4）社区云。这种模式是建立在一个特定的小组中多个目标相似的公司之间的，它们共享一套基础设施，所产生的成本由它们共同承担。因此，所能实现的成本节约效果并不明显。在这种模式下，社区云的成员都可以登入云中获取信息和使用应用程序。

课 后 习 题

一、名词解释

（1）基础设施即服务。
（2）平台即服务。

二、简答题

（1）云计算服务交付模式有哪几种？
（2）云计算的部署模式有哪几种？

任务 3　云计算技术

为了更好地掌握和应用云计算，需要了解云计算的基本原理和云计算的关键技术。

（1）掌握云计算的基本原理。

（2）掌握云计算的关键技术。

▼ 任务实施

云计算是一种基于因特网的超级计算模式，可以把云计算想象为成千上万台计算机和服务器连接成一片。因此，云计算可以拥有每秒 10 万亿次的运算能力。由于具有强大的计算能力，云计算甚至可以用来模拟核爆炸、预测气候变化等。云计算的应用范围正逐渐扩大。

1. 云计算的基本原理

云计算是分布式计算技术的一种，其最基本的概念是先通过网络将庞大的计算处理程序自动分拆成无数个较小的子程序，再提交由多部服务器所组成的庞大系统，经搜寻、计算分析之后将处理结果回传给用户。

云计算的基本原理：使计算处理程序分布在大量的分布式计算机上，而不是分布在本地计算机或远程服务器中。企业数据中心的运行将与互联网相似，这使得企业能够将资源转换到需要的应用上，根据需求访问计算机和存储系统。

2. 云计算的关键技术

云计算是分布式处理、并行计算和网格计算等概念的发展和商业实现，其技术实质是计算、存储、服务器、应用软件等 IT 软硬件资源的虚拟化。云计算在虚拟化、数据存储、数据管理、编程模式等方面具有自身独特的技术。云计算的关键技术如下：

1）网络技术

网络技术能使云计算部署虚拟机和网络，实现大数据传输并确保低时延。网络技术包括无线 LAN 网络和软件定义的 WAN 等产品。

2）虚拟资源的管理与调度

云计算区别于单机虚拟化技术的重要特征是通过整合物理资源，使之形成资源池，并通过资源管理层（管理中间件）实现对资源池中虚拟资源的调度。虚拟资源管理需要负责资源池管理、任务管理、用户管理和安全管理等工作，实现节点故障的屏蔽、资源状况的监视、用户任务的调度、用户身份的管理等多重功能。

3）数据管理（中心）技术

云计算的特点是对巨量的数据存储、读取后进行大量的分析。如何提高数据的更新速率，以及进一步提高随机读取速率是未来数据管理技术必须解决的问题。最著名的云计算数据管理技术是谷歌的 BigTable（分布式数据存储系统）数据管理技术，同时 Hadoop 开发团队正在开发类似 BigTable 的开源数据管理模块。

4）虚拟化（机）技术

虚拟机（服务器虚拟化）是云计算底层架构的重要基石。在服务器虚拟化中，虚拟化软件需要实现对硬件的抽象化，资源的分配、调度和管理，以及虚拟机与宿主操作系统及多个虚拟机之间的隔离等功能。目前，典型的实现（基本成为事实标准）虚拟化技术的软件有 Citrix Xen、VMware ESX Server 和 Microsoft Hype-V 等。

云计算的虚拟化不同于传统的单一虚拟化，它涵盖整个 IT 架构，包括资源、网络、应用和桌面在内的全系统虚拟化。

5）分布式存储技术

云计算系统需要同时满足大量用户的需求，并行地为大量用户提供服务。因此，云计算的数据存储技术必须具有分布式、高吞吐率和高传输率的特点。目前分布式存储技术主要有 Google 的非开源（Google File System，GFS）技术以及开源（Hadoop Distributed File System，HDFS）技术，这两种技术已成为事实标准。

6）安全技术

云计算模式带来一系列的安全问题，包括用户隐私的保护、用户数据的备份、云计算基础设施的防护等，这些问题都需要更强的技术手段，乃至法律手段去解决。

7）分布式编程技术

为了使用户能更轻松地享受云计算带来的服务，让用户能够利用该编程模型编写简单的程序，以实现特定的目的，云计算上的编程模型必须十分简单，而且必须保证后台复杂的并行执行和任务调度对用户与编程人员是透明的。目前，各个 IT 厂商提出的"云"计划的编程工具均基于 Map-Reduce 的编程模型。

8）云计算的业务接口

为了方便用户业务由传统 IT 系统向云计算平台迁移，云计算应对用户提供统一的业务接口。业务接口的统一不仅方便用户业务向云端迁移，而且使用户业务在云与云之间的迁移更加容易。在云计算时代，SOA 架构和以 Web Service 为特征的业务模式仍是业务发展的主要路线。

课 后 习 题

云计算的基本原理是什么？

项 目 小 结

本项目主要介绍了云计算基础及相关知识。具体介绍了云计算的基础概念、主要应用、部署模式等，让大家了解了到底什么是云计算，掌握云计算的理论知识和技术原理。

云计算、云服务在医疗健康服务领域的应用与价值体现

云服务的类型很多，如通信即服务、计算即服务、数据存储即服务、网络即服务、数据库即服务、桌面即服务、电子邮件即服务、身份即服务、管理即服务、安全即服务等。这些服务让"云"体现了重要的价值和作用，特别是云计算、云服务在医疗健康服务领域的应用与价值体现很突出。

近年来，随着生活水平的不断提高，人们对身体健康要求也越来越高，医疗健康就显得日益重要，医疗健康事业也呈现蓬勃发展的态势。随着医疗健康日益需求的不断增加和发展，医疗也需要进行不断改革，由传统的医疗体系发展到需要以健康为中心的整合型医疗服务体系。同时，医疗改革的深入推进加速了医疗信息化进程，医疗信息化成为提高国民医疗质量的重要基础。目前，跨医疗机构的资源整合与数据共享是医疗健康服务领域比较突出的问题，需要逐步探索并建立覆盖各类医疗机构与管理机构的混合云平台，优化区域医疗资源配置，实现资源灵活弹性扩展，提升业务安全性，充分体现云计算和云服务的价值与应用。例如，万达信息股份有限公司（简称万达信息）推出的医疗健康云服务平台就是云计算和云服务的典型应用，该医疗健康云服务平台构建了全流程化的健康服务管理模式，打通了医药、医疗、健康、养老、医保等产业和机构之间的壁垒，促进多方信息共享，优化了服务模式，提升了医疗健康服务质量。同时，万达信息将《信息技术 云计算 云服务 运营通用要求》(GB/T 36326—2018)与医疗健康云服务平台的建设运营进行深度的结合，从人员、流程、技术、资源、安全等维度出发，落实上述标准中的相关规定，规范了云服务的建设过程，降低了云技术和云管理风险，持续改进并提升了该平台的服务能力，大幅度提升了用户满意度。云平台建设需要云计算技术的支持，医疗健康领域的应用促进了云计算的成熟发展，更加优化改进了云服务平台功能与性能，优化了服务和管理能力，

为未来的服务拓展奠定了良好基础。

云技术在医疗影像诊断方面普及应用。医疗影像诊断是医生诊断患者疾病并制定治疗方案的重要手段。

云计算在医疗信息化发展中的应用也很广泛，既带来了便利，同时也增加了患者个人信息泄露的风险。因此，必须注重培养高度的社会责任感。需要了解云计算在医疗行业应用中可能带来风险和影响，以及需要知道如何保护患者个人信息的合法合规，从而树立起正确的价值观和道德观。

云计算是一项前沿技术，在应用该技术时，需要增强科技创新意识，思考如何运用云计算技术创造新的价值，推动社会进步。同时，也要加强创新性的项目实践，提高解决问题的能力，培养团队合作意识，锻炼深入挖掘云计算技术潜力的能力。此外，还要思考如何优化云计算系统，提高能源利用效率，减少其对环境的不良影响。通过思考这些问题，培养环境保护和可持续发展意识，有意识地把自己发展成具有社会责任感的云计算专业人才。

总之，云计算和云服务的价值与应用体现出奉献、友爱、互助、团结精神，这些精神是人们战胜困难的法宝，让人们明白"业精于勤，荒于嬉；行成于思，毁于随"的道理。相信随着云计算和云服务技术的可持续发展，未来这些技术潜在的价值和应用进一步促进社会发展。

自 测 题

一、名词解释

软件及服务。

二、简答题

什么是公有云？

项目8 通信技术

项目导读

　　通信技术是实现人与人之间、人与物之间、物与物之间信息传输的一种技术。现代通信技术将传统通信技术与计算机技术、数字信号处理技术等新技术相结合，其发展历程具有数字化、综合化、宽带化、智能化和个人化的特点。现代通信技术是大数据、云计算、人工智能、物联网、虚拟现实等信息技术发展的基础，以 5G 为代表的现代通信技术是中国新型基础设施建设的重要领域。

知识框架

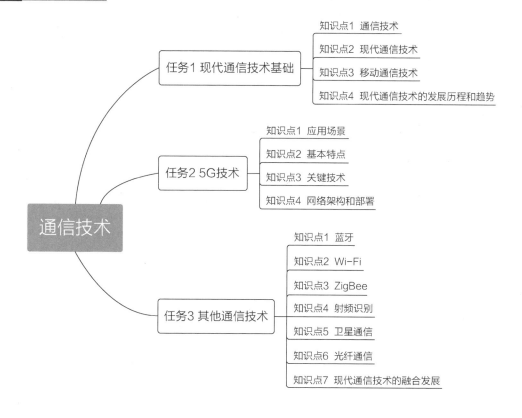

任务1　现代通信技术基础

　任务导入

通信技术是信息技术中极其重要的组成部分。在广义上，各种信息的传输均可称为通信。

　学习目标

（1）了解通信技术、现代通信技术、移动通信技术等概念。
（2）了解现代通信技术的发展历程和趋势。

任务实施

从钟鼓、狼烟到电报、电话，从飞鸽、驿马到电磁波、光纤，从2G的流畅通话、4G的网络遨游、5G的智慧城区到6G白皮书的发布人类从未停止过对通信进步的追求。

1. 通信技术

1）通信的概念

通信是指由一地向另一地传输和交换信息。这里，信息指的是消息中包含的有意义的内容。消息具有不同的形式，如语音、文字、数据、图像等。

消息的承载者是信号，例如，在电信系统里，承载者为"电"，消息被加载在电信号的某个参量上，如与电压、电流、电波等物理量对应的幅度、相位、频率。

传输的信号分为模拟信号和数字信号。通信传输方式按照信息传输方向和时间分为单工通信、半双工通信、全双工通信，如图8-1所示。

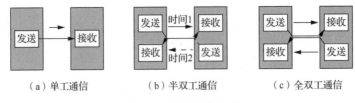

（a）单工通信　　　（b）半双工通信　　　（c）全双工通信

图8-1　通信传输方式

2）通信系统的概念

实现信息传输所需的一切技术设备和传输媒介的总和称为通信系统，通信系统模型如图8-2所示。

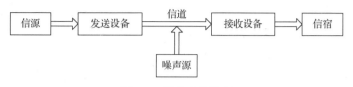

图 8-2 通信系统模型

在图 8-2 中，信源产生和发送信号，信宿接收和处理信号，信道是指传输信号的物理媒介，噪声源是指客观存在的噪声。

3）通信系统的分类

（1）按通信业务分类，分为电话、数据通信、传真、电视、图像通信等通信系统。

（2）按调制方式分类。根据是否采用调制分为以下两种：

① 基带传输，即将未经调制的信号直接传输，如音频室内通话、有线广播。

② 频带（调制）传输，即对各种信号调制后进行传输。

（3）按传输媒介分类

① 有线通信。这种通信是指传输媒质为导线、电缆、光缆、波导、纳米材料等形式的通信，其特点是媒质能看得见，摸得着（明线通信、电缆通信、光纤通信）。

② 无线通信。这种通信是指传输媒质看不见、摸不着（如电磁波）的一种通信形式（微波通信、短波通信、移动通信、卫星通信、散射通信）。

（4）按信道中传输的信号分类。

① 模拟通信，即利用模拟信号传输信息的通信。

② 数字通信，即利用数字信号传输信息的通信。

（5）按工作频段分类，分为长波通信、中波通信、短波通信、微波通信等系统。

2. 现代通信技术

现代通信技术包括传统通信技术，一般是指电信，国际上称为远程通信。现代通信技术主要有数字通信与同步数字体系（SDH）、程控交换、光纤通信、移动通信、数字微波、卫星通信、图像通信、电话网、支撑网、智能网、数据通信与数字网、综合业务数字网（ISDN）、异步传输模式（ATM）、有关无连接分组通信协议（IP）技术、接入网等技术及其新的发展。

现代通信技术特点：

（1）多媒体通信是其最大特点。相对于其他数据通信而言，多媒体通信技术是计算机通信技术实现的重点，也是难点，因为多媒体通信涵盖各种基础的数据通信。只有多媒体数据通信技术实现了，才能够说明这种计算机通信技术是成熟的。

（2）数据信息传输快。计算机通信技术是基于二进制数字信号的传输，这种方式和模拟信号的传输是不同的，数据信号的传输是通过脉冲实现传输的，因此能够实现每分钟传输 48 万个字符。随着通信技术的发展，这个传输速率还在不断地提高，而且现在光纤也开始全面取代传统电缆，成为主干网建设的主要通信材料。

（3）计算机通信的响应时间短。在普通双绞线电缆下，计算机通信能够使数据的响应时间保持在 1s 以内，只有超远距离的数据响应时间才会延长，但是一般不会超过 5s。如

果使用光纤作为通信载体，那么传输速率更大。但是模拟信号的响应时间往往是数据信号的数倍，普遍超过 15s 甚至达到几分钟。

（4）数据更安全。计算机通信能够将多媒体信息转化成二进制代码，如果在发送端对信息进行报文加密，那么这些二进制代码在传输过程中，就算被黑客截获，也很难破译。

（5）抗干扰能力强。通过二进制代码传输信号时，原则上只要信号不被干扰，其传输的距离就可以非常长而且稳定。

3. 移动通信技术

移动通信是现代通信中发展最迅速的一种通信手段，它是固定通信的延伸，也是人类理想通信的必不可少的手段。

移动通信是指通信双方有一方或双方都处于运动中的通信，可以是移动体之间的通信，也可以是移动体和固体之间的通信。移动通信不仅可以传输语音信息，而且还能够传输数据信号和图像信号，使人们可以随时随地、快速、可靠地进行信息交换。

移动通信系统由若干六边形小区覆盖而成，成蜂窝状，包括移动台（MS）、基站分系统（BSS）和移动业务交换中心（MSC），如图 8-3 所示。

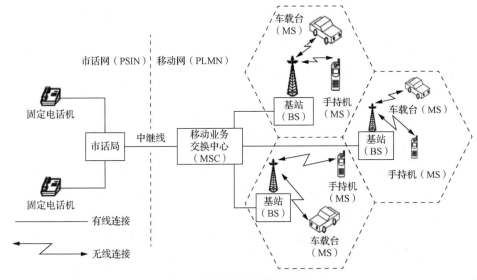

图 8-3　移动通信系统的组成

移动通信技术的特点如下：

（1）移动性，即保持物体在移动状态中的通信。因此，它必须是无线通信，或者是无线通信与有线通信的结合。

（2）电磁波传播条件复杂。移动体可能在各种复杂的环境中运动，因此电磁波在这些环境中传播时会产生反射、折射、绕射、多普勒效应等现象，产生多径干扰、信号传播延迟和展宽等效应。

（3）噪声和干扰严重。在城市环境中的各种工业噪声，以及移动用户之间的互调干扰、

邻道干扰、同频干扰等。

（4）系统和网络结构复杂。移动通信系统是一个多用户通信系统和网络，必须使用户之间互不干扰，能协调一致地工作。此外，移动通信系统还应与市话网、卫星通信网、数据网等互连，整个网络结构是很复杂的。

（5）要求频带利用率高、设备性能好。移动通信技术主要有调制技术、移动信道中电磁波传输特性的研究、多址方式、抗干扰措施、组网技术。调制技术的主要作用是提高系统的频带利用率，增强抗噪声、抗干扰的能力，使信号适合在衰落信道中传输。移动信道中电磁波传输特性的研究目的是弄清移动信道的传播规律和各种物理现象的机理，以及这些现象对信号传输所产生的不良影响，进而研究消除各种不良影响的对策。多址方式的主要作用是提高通信系统的容量，抗干扰措施的作用是提高通信系统的抗干扰能力，组网技术的作用是解决移动通信组网中的问题。

4. 现代通信技术的发展历程和趋势

现代通信技术的发展经历 3 个阶段。第一阶段是语言和文字通信，在这一阶段，通信方式简单，内容单一。第二阶段是电通信。1837 年，莫尔斯发明电报机，并设计莫尔斯电报码。1876 年，贝尔发明电话机。这样，利用电磁波不仅可以传输文字，还可以传输语音，大大加快了通信的发展进程。1895 年，马可尼发明无线电设备，从而开创了无线电通信。第三阶段是电子信息通信。

现代通信技术的主要内容及发展方向是以光纤通信为主，以卫星通信和无线电通信为辅的宽带化、综合化（或数字化）、个人化、智能化、融合化的通信网络技术。

（1）宽带化。宽带化是指通信系统能传输的频率范围越宽越好，即每单位时间内传输的信息越多越好。通信干线正在向数字化转变，宽带化实际是指通信线路能够传输的数字信号的比特率越高越好。

（2）综合化（或数字化）。综合就是把各种业务和各种网络综合起来，业务种类繁多，包括视频、语音和数据业务。这些业务的数字化便于通信设备集成化和大规模生产，便于微处理器进行数据处理，便于使用软件进行控制和管理。

（3）个人化。个人化是指通信可以达到"每个人在任何时间和任何地点与其他任何人通信"。每个人将有一个识别号，而不是每个终端设备（如现在的电话、传真机等）有一个号码。现在的通信（如拨电话、发传真）只是把信息发给某一设备，而不是把信息发给某人。未来的通信只需拨打某人的识别号，不论某人在何处，均可拨打给某人并与之通信。要达到个人化，需有相应终端和高智能化的网络。目前，个人化尚处在初级研究阶段。

（4）智能化。智能化就是要建立先进的智能网，智能网是指能够灵活方便地开设和提供新业务的网络，即建立在已知通信网上的一些功能单元。

（5）融合化。将计算机网、电信网、广电网三网融合，这种融合不仅是形式上的融合，也是业务上的融合。其特点是在技术上走向趋同化，在业务范围上相互交叉和渗透，在网络上互联互通无缝覆盖，在经营上互相竞争、互相合作。

课 后 习 题

（1）如何理解通信系统模型？

（2）现代通信技术的特点有哪些？其未来发展趋势是什么？

（3）移动通信的主要技术有哪些？其特点是什么？

任务 2　5G 技术

5G 作为一种新型移动通信网络，不仅要解决人与人之间的通信，为用户提供增强现实、虚拟现实、超高清（3D）视频等身临其境般的极致体验，还要解决人与物、物与物之间的通信问题，满足移动医疗、车联网、智能家居、工业控制、环境监测等物联网应用需求。最终，5G 将渗透到经济社会的各行业或各领域，成为支撑经济社会向数字化、网络化、智能化转型的关键新型基础设施。

学习目标

（1）掌握 5G 的应用场景、基本特点和关键技术。
（2）了解 5G 网络架构和部署特点。

任务实施

第五代移动通信技术（5th Generation Mobile Communication Technology）简称 5G，它是具有高速度、低时延、低功耗和泛在网特点的新一代宽带移动通信技术，是实现人机物互联的网络基础设施。

1. 应用场景

国际电信联盟（ITU）为 5G 定义了增强移动宽带（Enhance Mobile Broadband, eMBB）、巨量物联网通信（Massive Machine Type Communication, mMTC）、超高可靠性与超低时延业务（Ultra Reliable & Low Latency Communication，uRLLC）三大应用场景。5G 的应用场景如图 8-4 所示。

（1）eMBB 主要用于提升以"人"为中心的娱乐、社交等个人消费业务的通信体验，适用于高速度、大带宽的移动宽带业务。

（2）mMTC 主要用于满足巨量物联的通信需求，面向以传感和数据采集为目标的应用场景。

（3）uRLLC 基于低时延和高可靠性特点，主要面向垂直行业的特殊应用需求，如无人驾驶、工业自动化等。

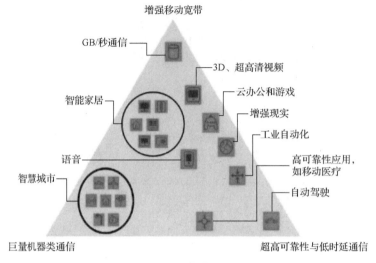

图 8-4　5G 的应用场景

从以上三大应用场景的定义可以看出，对于 5G，世界通信业的普遍看法是它不仅应具备高速度，还应满足低时延这样更高的要求，尽管高速度依然是它的一个组成部分。从 1G 到 4G，移动通信的核心是人与人之间的通信，个人的通信是移动通信的核心业务。5G 时代的通信不仅仅是人的通信，而且引入物联网、工业自动化、无人驾驶等业务。未来，人与人之间通信始转向人与物之间的通信、机器与机器之间的通信。

2. 基本特点

1）高速度

确切地说，5G 的速度到底是多少是很难确定的：一方面峰值速度和用户的实际体验速度不一样，另一方面不同的技术不同的时期 5G 的速度也会不同。对于 5G 的基站峰值速度要求不低于 20Gb/s，当然这个速度是峰值速度，不是每个用户的体验速度。随着新技术的使用，这个速度还有提升的空间。

2）泛在网

随着业务的发展，网络业务无所不包，广泛存在。泛在网有两个层面的含义：一是广泛覆盖，一是纵深覆盖。

广泛覆盖是指各个地方，以前高山峡谷就不一定需要网络覆盖，因为在这些地方生活的人很少，但是，如果能在这些地方覆盖 5G 网络，可以大量部署传感器，进行环境、空气质量甚至地貌变化、地震活动的监测，这类应用就非常有价值。5G 可以为更多这类应用提供网络。

纵深覆盖是指在我们生活场所中，虽然已经部署网络，但是需要进入更高品质的深度覆盖。例如，家中已经有了 4G 网络，但是家中卫生间的网络不太好，地下停车库基本没信号，这些是目前可以接受的状态。而 5G 的到来可使卫生间、地下停车库等场所都被 5G 网络覆盖。

一定程度上，泛在网比高传输速率还重要。只建立一个覆盖少数地方、传输速率很大的网络，并不能保证 5G 的服务与体验，而泛在网才是 5G 服务与体验的一个根本保证。虽然在以上三大应用场景中没有提到泛在网，但是泛在网的要求是隐含在所有场景中的。

3）低功耗

支持大规模物联网应用，就会产生功耗。而 5G 就能把功耗降下来，让大部分物联网产品一周充一次电，或一个月充一次电，从而大大改善用户体验，促进物联网产品的快速普及。

4）低时延

5G 的一个新应用场景是无人驾驶、工业自动化的高可靠性连接。当人与人之间进行信息交流时，140ms 的时延是可以接受的，但是，如果这个时延用于无人驾驶、工业自动化就无法接受。5G 对于时延的最低要求是 1ms，甚至更低，这就对网络的信息传输速率提出严格的要求，而 5G 是这些新应用场景的必然要求。

5）万物互联

迈入智能时代，除了手机和计算机等上网设备需要使用网络，智能家电设备、可穿戴设备、共享汽车等更多不同类型的设备，以及电灯等公共设施都需要联网，在联网之后就可以实现实时的管理和智能化的相关功能，而 5G 的互联性也让这些设备成为智能设备的可能。可以说，生活中每个产品都有可能通过 5G 接入网络而成为智能产品，因为这些产品出现在智慧家居中。

6）重构安全体系

传统互联网要解决的问题是信息传输速率及其无障碍传输，自由、开放、共享是传统互联网的基本精神，而基于 5G 建立的互联网是智能互联网。智能互联网不仅要实现信息传输，还要建立一个社会和生活的新机制与新体系。智能互联网的基本精神是安全、管理、高效、方便，安全是 5G 之后的智能互联网第一位的要求。假设 5G 建设起来了，却无法重构安全体系，就可能产生巨大的破坏力。

5G 网络架构的底层就应该解决安全问题，从网络建设之初，就应该加入安全机制，信息应该加密。网络不应该是完全开放的，对于特殊的服务需要建立专门的安全机制。

3. 关键技术

作为新一代的移动通信技术，5G 的网络结构、网络覆盖能力和要求都与过去有很大不同，有大量技术被整合在其中。其核心技术简述如下：

1）高频段传输

移动通信的传统工作频段主要集中在 3GHz 以下，这使得频谱资源十分拥挤。在高频段可用频谱资源丰富，能够有效地缓解频谱资源紧张的现状，可以实现极高速短距离通信，支持 5G 容量和传输速率等方面的需求。

2）新型多天线传输

多天线传输技术经历了从无源到有源，从二维（2D）到三维（3D），从高阶多输入多输出（MIMO）到大规模天线阵列的发展，将有望实现频谱效率提升数十倍甚至更高。因

此，多天线传输是目前 5G 技术重要的研究方向之一。

3）同时同频全双工

利用该技术，在相同的频谱上，通信的收发双方同时发射和接收信号，与传统的时分双工（TDD）和频分双工（FDD）双工方式相比，从理论上可使空口频谱效率提高 1 倍。

4）终端直通

终端直通（Device to Device，D2D）技术无须借助基站的帮助就能够实现终端之间的直接通信，拓展网络连接和接入方式。

5）密集网络

在 5G 通信中，无线通信网络朝着多元化、宽带化、综合化、智能化的方向演进。随着各种智能终端的普及，数据流量将出现井喷式的增长。未来数据业务将主要分布在室内和热点地区，这使得超密集网络成为实现 1000 倍流量需求的主要手段之一。超密集网络能够改善网络覆盖率，大幅度提升系统容量，能够对业务进行分流，具有更灵活的网络部署能力和更高效的频率复用。

6）新型网络架构

目前，LTE 接入网（Long Term Evolution Access Network）采用网络扁平化架构，减小了系统时延，降低了建网成本和维护成本。5G 可采用 C-RAN 接入网架构，C-RAN 是基于集中化处理、协作式无线电和实时云计算构架的绿色无线接入网构架。

4. 网络架构和部署

5G 网络提速的瓶颈是无线网络，因此新的网络架构主要针对 5G 无线网络。5G 无线网络架构的研究主要体现在以下几方面：增强特定应用场合（如高速列车、热点场所、室内环境等）覆盖率，满足吞吐量、提高用户数据速率以及服务质量需求，增强频谱效率和能量效率，降低网络时延。

目前，5G 研究仍处于需求制定和空中接口技术攻关阶段，尚未提出明确的网络架构。但总的看来，5G 无线网络架构存在两条发展路线：一是综合化发展，即"演进+创新"式发展，在演进型的 2G/3G/4G 多制式蜂窝网络及短距离无线通信网络的基础上，融入创新型无线接入技术，形成综合性的 5G 无线网络架构；二是颠覆性发展，即变革式发展。

5G 综合化发展可以弥补 4G 技术的不足，在数据速率、连接数量、时延、移动性、能耗等方面进一步提升系统性能。它既不是单一的技术演进，也不是几个全新的无线接入技术，而是融合了新型无线接入技术和现有无线接入技术（WLAN、4G、3G 等），通过集成多种技术满足不同的需求，形成一个真正意义上的融合网络。这种融合方式使 5G 可以延续使用 4G、3G 的基础设施资源，并实现与之共存。

移动网全球漫游、无缝部署、后向兼容的特点，决定了 5G 无线网络架构的设计不可能是"从零开始"的全新架构。然而，5G 无线网络架构不仅是一种演进，还是一种变革，将取决于运营商和用户需求、产业进程、时间要求和各方博弈等多种因素。

业界在 5G 无线网络架构设计的需求及可能的技术方面，已经形成一些共识。在需求方面，普遍将灵活、高效、支持多样业务、实现网络即服务等作为设计目标；在技术方面，

软件定义网络（SDN）、网络功能虚拟化（NFV）等成为可能的基础技术，核心网与接入网融合、移动性管理、策略管理、网络功能重组等成为值得进一步研究的关键问题。

课 后 习 题

（1）5G 的三大应用场景分别是什么？如何理解这些应用？

（2）5G 的基本特点是什么？

（3）5G 的关键技术是什么？

任务3 其他通信技术

生活中还有哪些通信技术？具体用于哪些设备上？本任务带领读者了解下这一方面知识。

（1）了解蓝牙、Wi-Fi、ZigBee、射频识别、卫星通信、光纤通信等现代通信技术。

（2）了解现代通信技术和其他信息技术的融合发展。

任务实施

1. 蓝牙

蓝牙技术是指一种无线数据和语音通信开放的全球性规范，它是一种基于低成本的近距离无线连接，为固定设备和移动设备建立通信环境的特殊近距离无线连接技术。

蓝牙技术使当前的一些便携移动设备和计算机设备能够不需要电缆就能连接到互联网，并且可以无线接入互联网。

蓝牙技术及蓝牙产品的主要特点如下：

（1）适用蓝牙技术的设备多，无须电缆，通过无线使计算机和电信联网进行通信。

（2）蓝牙技术的工作频段全球通用，适用于全球范围内用户使用，解决了蜂窝式移动电话的"国界"障碍。

（3）蓝牙技术的安全性和抗干扰能力强。

（4）传输距离较短。

2. Wi-Fi

Wi-Fi 在中文里又称为"行动热点"，它是 Wi-Fi 联盟的商标（作为产品的品牌认证），是基于 IEEE 802.11 标准（无线局域网通用标准）的无线局域网技术。

并不是每种匹配 IEEE 802.11 标准的产品都要申请 Wi-Fi 联盟的认证，缺少 Wi-Fi 联盟认证的产品并不意味着不兼容 Wi-Fi 设备。

匹配 IEEE 802.11 标准的设备已被安装在市面上的许多产品中，如个人计算机、游戏机、MP3 播放器、智能手机、平板电脑、打印机、笔记本电脑及其他可以无线上网的周边设备。

Wi-Fi 特点如下：

（1）覆盖范围广。

（2）无须布线。

（3）传输速率大。

3. ZigBee

ZigBee 也称为紫蜂，是一种低速短距离传输的无线网协议，其架构的底层采用匹配 IEEE 802.15.4 标准的媒体访问层与物理层。主要特点是低速、低功耗、低成本、可支持大量网上节点、可支持多种网上拓扑、低复杂度、可靠、安全。

4. 射频识别

射频识别技术（Radio Frequency Identification，RFID）是自动识别技术的一种，它通过无线射频方式进行非接触式双向数据通信。利用无线射频方式对记录媒体（电子标签或射频卡）进行读写，从而达到识别目标和数据交换的目的，其被认为是 21 世纪最具发展潜力的自动识别技术之一。

RFID 技术具有以下特点：

（1）适用性。RFID 技术依靠电磁波，并不需要连接物理接触。

（2）高效性。RFID 系统的读写速度极快，一次典型的 RFID 传输过程占用时间通常不到 100ms。高频段的 RFID 阅读器甚至可以同时识别、读取多个标签的内容，极大地提高了信息传输效率。

（3）独一性。每个 RFID 标签都是独一无二的，RFID 标签与产品一一对应关系，可以清楚地跟踪每件产品的后续流通情况。

（4）简易性。RFID 标签结构简单，识别速率高、所需读取设备简单。随着近场通信（NFC）技术在智能手机上的普及应用，每个用户的手机都将成为最简单的 RFID 阅读器。

5. 卫星通信

卫星通信是指利用人造地球卫星作为中继站转发无线电波，从而实现两个或多个地球站之间的通信。卫星通信方式与其他通信方式相比较，有以下几个方面的特点：

（1）通信距离远，并且费用与通信距离无关。

（2）以广播方式工作，可以进行多址通信。

（3）通信容量大，适用多种业务传输。

（4）可以自发自收进行监测。

（5）无缝覆盖能力。

（6）具有广域复杂网络拓扑构造能力。

（7）可靠性高。

6. 光纤通信

光纤即光导纤维的简称。光纤通信是指以光波作为信息载体，以光纤作为传输媒介的

一种通信方式。光纤通信有很多优点：传输频带宽、通信容量大；传输损耗低、中继距离长；线径细、质量小，原料为石英，节省金属材料，有利于资源合理使用；绝缘、抗电磁干扰性能强；抗腐蚀能力强、抗辐射能力强、可绕性好、无电火花、光信号泄漏量小、保密性强，可在特殊环境或军事上使用。

7. 现代通信技术的融合发展

在互联网的时代，通信技术与信息技术的实际应用，能够提高人们的生活质量水平，帮助人们进行更加快捷有效的沟通。在人们日益增长的物质文化需求影响下，如何实现通信技术与信息技术的有机融合，受到了人们的持续关注。利用信息网络建立强大的信息数据库，为用户的数据处理提供信息基础，并借此推动整个社会进步，成为如今科学技术发展的主要方向。二者融合发展方向包括但不限于蓝牙技术、NFC 技术、远程通信技术、新兴信息技术（大数据信息数据库）、多媒体通信技术。

就当下形势而言，实现通信技术与信息技术的有机融合，已经成为社会现代化发展的必然趋势。二者的融合不仅促进了信息通信的发展，更实现了数据信息的高效传输及有效传输。

课 后 习 题

（1）什么蓝牙？其特点是什么？说出生活中常见的 5 种蓝牙设备。
（2）什么是射频识别？举出一个生活中常见的应用射频识别技术的设备。
（3）卫星通信的特点有哪些？

项 目 小 结

本项目介绍现代通信技术的概念、特点、发展历程和未来发展趋势，同时介绍 5G 通信技术的相关知识，以及其他一些通信技术。通过本项目的学习，读者应对当下重要的通信技术和信息技术有一个较为明确的认识，了解通信技术的各种知识，培养学习兴趣。此外，读者还要从不同的应用场景中学习不同的通信技术，可根据不同的通信技术特点选择合适的通信方式。

5G+北斗

当前，我国的北斗卫星导航系统在智慧物流、智慧医疗、智慧交通等方面发挥着巨大的作用。2023 年 6 月，在天津召开的第七届世界智能大会上，北京邮电大学教授邓中亮表

示，未来以"5G+北斗"为抓手，推动通信与导航的深度融合，能够实现室内外的无缝定位，进一步赋能千行百业。"二者的融合可以满足全覆盖、高精度需求，相互赋能，彼此增强。"多年来，邓中亮一直从事北斗卫星导航系统和5G网络这两大"新基建"的融合研究，以解决通信和导航之间的矛盾，实现"能通信就能精准定位"。

我国已经建立了全球最大、技术最领先的5G网络，为数字经济的发展奠定坚实基础。中国成为全球5G通信技术的引领者，这不仅是技术上的胜利，更是我国科研工作者的创新和智慧的胜利。

古时候，北斗七星是人们用来辨别方向的重要指针。今天，我国自主研发的北斗卫星导航系统已成为全球导航领域的璀璨明星。自20世纪70年代起，我国科学家就开始研制自己的卫星导航系统；1994年，我国正式启动卫星导航系统建设和发展，并正式把该系统命名为北斗卫星导航系统。如今，中国的北斗卫星导航系统正在服务全世界。

北斗卫星导航系统除了研发的困难，国际竞争环境也十分激烈。在技术封锁和重重困难面前，我国科研人员不畏艰难，迎难而上，通过不懈努力，攻克了一个又一个技术难关。他们用智慧和汗水书写了一个又一个传奇故事，将不可能变成了可能。这意味着无论何时，我们都可以依靠自主研发的卫星导航系统进行定位和导航，不再受制于人。

"5G+北斗"的融合，能够实现室内外的无缝定位。北斗卫星导航系统的高精度定位技术与5G通信技术、物联网、云计算相结合，可以把高精度定位服务覆盖人类和机械能涉及的所有空间，催生出一系列新兴产业、行业，带来新的经济增长点，并且为智慧城市、自然资源、交通、电力等各行各业的应用带来无限可能。

自 测 题

根据本项目内容，谈一谈计算机技术和通信技术在生活中的具体应用，谈一谈它们的作用、原理和未来发展趋势。从科技的角度，预测未来的生活会发生哪些变化。

（不少于800字，严禁抄袭）

项目9 物 联 网

项目导读

物联网是指通过信息传感设备，按约定的协议，将物体与网络连接，物体与物体之间通过信息传播媒介进行信息交换和通信，从而实现智能化识别、定位、跟踪、监管等功能的技术。物联网是继计算机、互联网和移动通信之后的新一轮信息技术革命。掌握物联网理论知识及其技术能更好地使物联网为人类服务。

知识框架

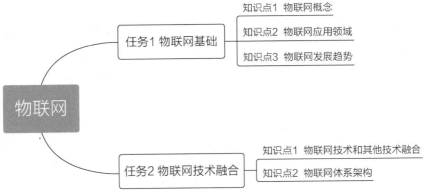

任务 1 物联网基础

 任务导入

物联网就是物物相连的互联网。物联网的核心和基础仍是互联网，它是在互联网基础上的延伸和扩展的网络；其用户端延伸和扩展到了任何物体与物体之间，进行信息交换和通信。物联网通过智能感知、射频识别技术与普适计算等通信感知技术，广泛应用于网络的融合中，也因此被称为继计算机、互联网之后世界信息产业发展的第三次浪潮。本任务重点从什么是物联网，物联网应用于哪些场合，物联网发展趋势等方面进行阐述。

学习目标

（1）理解物联网概念。
（2）理解物联网应用领域。
（3）理解物联网发展趋势。

任务实施

1. 物联网概念

物联网（Internet of Things，IOT）是指通过各种信息传感器、射频识别技术、全球定位系统、红外感应器、激光扫描仪等各种装置与技术，实时采集任何需要监控、连接、互动的物体或过程，采集其声、光、热、电、力学、化学、生物、位置等各种需要的信息，通过各类可能的网络接入，实现物与物、物与人的泛在连接，实现对物体或过程的智能化感知、识别和管理。物联网通过各种信息感知设备，按照约定的通信协议将智能化物体互联，通过各种通信网络进行信息传输与交换，以实现决策与控制。图 9-1 所示为物联网信息传输与交换示例。

2. 物联网应用领域

物联网应用领域广泛，典型的应用场景如下：物流与仓储、健康与医疗、智能社交、智能交通、智能建筑、文物保护、古迹的实时监测、智能家居、定位导航、视频监控等。图 9-2 所示为物联网应用场景示例。

图 9-1　物联网信息传输与交换示例

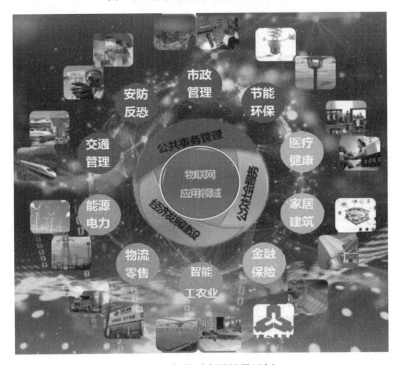

图 9-2　物联网应用场景示例

3. 物联网发展趋势

　　未来几年是中国物联网相关产业及应用迅速发展的时期。以物联网为代表的信息网络产业成为新兴战略性产业之一，成为推动产业升级、迈向信息社会的"发动机"。随着物联网关键技术的不断发展和产业链的不断成熟，物联网的应用将呈现多样化、泛在化的趋势。未来的物联网是开放和共享的，各国之间的联系将更为密切，各国物联网很难独立于世界

物联网之外。我国物联网的建设也是如此，只有与其他国家物联网进行合作互联，才能更好地发挥物联网的作用。

课 后 习 题

一、名词解释

物联网。

二、简答题

物联网的应用领域有哪些?

任务 2 物联网技术融合

 **任务导入**

物联网不断发展，其应用已经涉及学习、生活、工作的方方面面。本任务带领读者简单了解物联网技术融合和物联网体系结构。

 **学习目标**

（1）了解物联网技术和其他技术融合。

（2）了解物联网体系架构。

任务实施

物联网的产生有其时代背景，众多技术的发展促进了物联网的发展。

1. 物联网技术和其他技术融合

物联网技术和其他技术的融合主要有以下 3 种：

1）物联网技术和 5G 技术融合

物联网是在互联网基础上形成的、有利于人们生活和工作的新模式，对人类发展具有重要意义。由于早期受到通信技术的限制，物联网的发展一直无法满足人类预期，5G 技术提供更快更稳的传输速率和全区域的覆盖给物联网发展带来新活力。

5G 技术和物联网技术的融合已成为当今科技发展的大趋势，但是将 5G 技术和物联网技术融合发展，还需要制定出长远的发展规划。首先，在 5G 技术和物联网技术的融合发展中，应使物联网具有足够的可靠性和稳定性。其次，由于网络安全一直是威胁移动通信的主要因素，因此需要运营商加强对移动通信技术体系的构建，同时也需要政府部门制定相关法律和制度，对 5G 技术和物联网技术融合提供保障。通过构建安全可靠的信息融合技术，可以有效地推动 5G 技术与物联网技术的融合，最终为物联网的大规模发展起到积极的推动作用。

2）物联网技术和人工技能技术融合

人工智能是一种模拟、延伸和扩展人类智能的科学，其中的自然语言处理技术和深度学习技术在物联网中有较多应用。自然语言处理技术主要包含语义理解、机器翻译、语音识别、语音合成等，其中语义理解可以应用到物联网的关键环节。物联网需要对各类设备

产生的信息进行理解和操控，在此过程中，运用语义理解技术可以提高信息交互效率，实现智能化运作。目前，市场上已推出以语义理解技术为核心的人工智能平台，如苹果的 Siri、微软的小冰和小娜、小米的小爱同学等，这些平台通过语音等友好人机交互界面实现物联网设备及其产生的信息的语义理解互通，以面向未来物联网的数据理解及应用作为重要的输出方向。深度学习作为另一个提升物联网智能化水平的重要人工智能技术，已在车联网、智慧物流等领域实现应用。以车联网为例，通过图像处理技术判断复杂路况是车联网的重要技术环节，该环节涉及的数据繁多，引入深度学习技术可以实现智能化，以应对复杂路况。在数据处理过程中，随着用于训练的数据量不断增加，深度学习的性能也会持续提升，智能化处理能力进一步提高。未来人工智能技术还可嵌入更多物联网应用场景，"人工智能+物联网"成为物联网未来发展的重要趋势。

3）物联网技术和区块链技术融合

区块链技术以中心化的结构和数据加密的特点可显著地提高物联网信息安全防护能力。物联网应用以中心化结构为主，大部分数据汇总到云资源中心，以便进行统一控制管理，物联网平台或系统一旦出现安全漏洞或系统缺陷，信息数据将面临泄漏风险。区块链的去中心化架构减轻了物联网的中心计算的压力，也为物联网的组织架构创新提供了更多的可能。采用区块链技术，对数据进行加密，数据传输和授权的过程中涉及个人数据的操作均需要经过身份认证，以便进行解密和确认权限，并将操作记录等信息记录到链上，同步到区块网络上。由于所有传输的数据都经过严格的加密和验证处理，因此此用户的数据和隐私将会更加安全。此外，"区块链+物联网"为打通企业内部和关联企业之间的环节提供了重要方式：基于商业物联网（BIoT）不但可以实现产品某一环节的链式信息互通，如产品出厂后物流状态的全程可信追踪，还可以实现更大范围的不同企业之间的价值链共享，例如，由多个企业协同完成复杂产品并大规模出厂，包括设计、供应、制造、物流等更多环节的互通。"区块链+物联网"提升了分布式数据的安全性、可靠性、可追溯性，也提升了信息的流通性，让价值有序地在人与人、物与物、人与物之间流动。

2. 物联网体系架构

目前，物联网还没有统一的、公认的体系架构，较多人公认的物联网体系架构分为 3 个层次：感知层、网络层、应用层。

1）感知层

感知层是实现物联网全面感知的基础。以 RFID、传感器、二维码等为主，利用传感器收集设备信息，也利用 RFID 技术在一定范围内进行识别，主要通过传感器识别物体。

2）网络层

网络层主要负责对传感器收集的信息进行安全无误的传输，并把收集到的信息传输给应用层。同时，网络层云计算技术的应用能够确保建立实用、适用、可靠和高效的信息化系统与智能化信息共享平台，实现对各种信息的共享和优化管理。

3）应用层

应用层主要解决数据处理和人机界面的问题，即输入输出控制终端，如手机和智能家

居的控制器等，主要通过数据处理及解决方案提供人们所需的信息服务。应用层针对直接用户，为这类用户提供丰富的服务及功能，用户也可以通过终端在应用层定制自己需要的服务，例如，查询信息、监视信息、控制信息等。

课 后 习 题

（1）物联网技术和哪几种技术可以融合？
（2）物联网体系结构包括哪几层？

项 目 小 结

本项目主要介绍了物联网概念、物联网技术融合和物联网的体系架构。

社会主义核心价值观与物联网交相辉映

近年来，物联网技术不断发展，逐渐应用于越来越多的行业，悄无声息地融入人类的生活中。物联网时代全面来临，万物互联的未来世界，正在改变人类的生活工作方式。物联网一直是数字时代最受关注的趋势之一，它影响着万物世界的运作和发展，从而具有新的优先地位。2021年，工业和信息化部等八部门联合印发《物联网新型基础设施建设三年行动计划（2021—2023年）》，明确了以下目标：到2023年底，在国内主要城市初步建成物联网新型基础设施，物联网连接数突破20亿。

物联网的发展使全世界的经济、文化、政治各方面紧密地联系在一起，在求个别发展的同时我们要顺应时代要求，更要共同发展，为人类谋福利，推动世界和平发展，这要求人们有正确的核心价值观。作为中华儿女需要树立和加强社会主义核心价值观，要有强烈的民族学认同感和自豪感，更要加强学习，掌握知识和技能，积极投身到祖国建设中，为祖国的发展贡献力量。我国不仅是世界上最大的发展中国家之一，还是一个在多个领域内具有重要影响力和作用的国家，相信未来的中国更加强大、富强、民主，我们都要为维护世界和平与稳定努力做出贡献。

物联网具有巨大的潜力，社会主义核心价值观与之交相辉映，相信其未来的发展前景更美好。

自 测 题

一、名词解释

感知层。

二、简答题

简述物联网技术和 5G 技术的融合。

项目 10 数 字 媒 体

项目导读

互联网、数字广播、数字电视等多种媒体改变了人们交流、生活和工作方式。媒体包括信息和信息载体两个基本要素。数字媒体采用二进制代码表示媒体信息。数字媒体具有数字化、交互性、趣味性、集成性和艺术性等特性。本项目介绍数字媒体基础理论知识及数字媒体技术相关内容。

知识框架

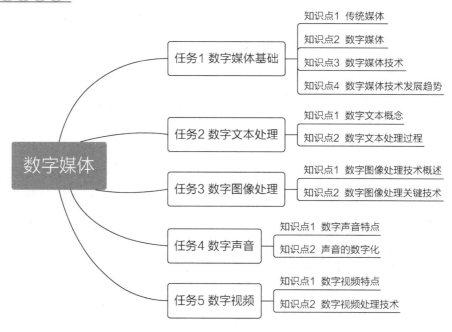

任务 1　数字媒体基础

任务导入

本任务从传统媒体、数字媒体及其技术等几个方面进行介绍，让读者了解和掌握数字媒体基础知识及相关技术。

学习目标

（1）理解传统媒体、数字媒体及其技术的概念。

（2）了解数字媒体技术的发展趋势，如虚拟现实技术、融媒体技术等。

任务实施

近年来，传统媒体和互联网媒体快速发展，互联网的快速发展带动了数字媒体的崛起，并在生活的方方面面得到普及应用。数字媒体技术能够与媒体进行交流，对信息进行处理和分析，使信息传输质量和速率得到显著提高。

1. 传统媒体

媒体（media）一词来源于拉丁语"Medius"，该拉丁语的意思是"两者之间"。媒体是指传播信息的媒介，它是指人用来传输信息与获取信息的工具、渠道、载体、介质或技术手段，也指传输文字、声音等信息的工具和手段。也可以把媒体看作实现信息从信息源传输到受信者的一切技术手段。媒体有两层含义：一是指承载信息的物体，二是指储存、呈现、处理、传输信息的实体。

传统的四大媒体分别为电视、广播、报纸、期刊（杂志），此外，还有户外媒体，如路牌灯箱的广告位等。

随着科学技术的发展，逐渐衍生出新的媒体，如网络电视（IPTV）、电子杂志等，它们是在传统媒体的基础上发展起来的，但与传统媒体又有本质的区别。各种媒体示例如图 10-1 所示。

2. 数字媒体

数字媒体是指以二进制数的形式记录、处理、传播、获取信息的载体，包括数字化的文字、图形、图像、声音、视频影像和动画等感觉媒体及其表示媒体等（统称逻辑媒体），以及存储、传输、显示逻辑媒体的实物媒体。数字媒体示例如图 10-2 所示。

图 10-1　各种媒体示例

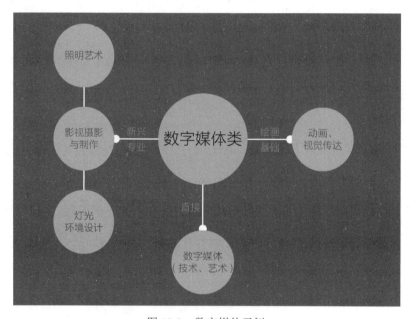

图 10-2　数字媒体示例

数字媒体和传统媒体的区别如下：

1）传播状态发生变化

数字媒体与传统媒体最大的区别在于传播状态的改变，即由一点对多点变为多点对多点。从传播学的角度看，每个人都可以进行大众传播，传播的信息与其意义是否重要无关，

这使得受众的主动性大大增强，传统意义上的大众传播变得日益小众化、个体化。

2）传播方式的不同

数字媒体同时拥有人际媒体和大众媒体的优点：充分个性化的信息能同时被送达认识或不认识的无数群体；每个参与者（无论是出版者、传播者，还是消费者）对内容均拥有对等性和相互的控制。数字媒体又免除了人际媒体和大众媒体的缺点：当传播者想向每个接收者个性化地交流独特的信息时，不再受点对点的限制，当传播者想向大众同时交流时，又可以针对每个接收者提供个性化内容。

3）传播目的多元化

数字媒体"所有人对所有人的传播"的理想模式也构成其传播目的多元化趋势，传播目的变得多种多样，具有复杂性和不明确性。

4）传播范围的无限性

数字媒体消解传统媒体（电视、广播、报纸等）之间的边界，消解国家与国家之间、社群之间、产业之间的边界，消解信息传播者与接收者之间的边界。无边界的传播范围变得不可控和不可知，基于网络和数字技术所构筑的需求、传输和生产变得无限。

5）传播技术简单和成本低廉

数字媒体传播技术和成本相对于传统媒体简单及低廉得多。

3. 数字媒体技术

数字媒体技术是一项应用广泛的综合技术，主要研究图、文、声、像等数字媒体的捕获、加工、存储、传输、再现及其相关技术。基于信息可视化理论的可视媒体技术是许多重大应用需求的关键，例如，在军事模拟仿真与决策等形式的数字媒体（技术）产业中有强大需求。

数字媒体技术涉及的范围很广，是多学科和多技术交叉的领域。涉及的主要技术如下：

（1）数字媒体表示与操作，包括数字声音及其处理、数字图像及其处理、数字视频及其处理、数字动画技术等。

（2）数字媒体压缩，包括通用压缩编码、专门压缩编码（声音、图像、视频）技术等。

（3）数字媒体存储与管理，包括光盘存储（CD、DVD 等）、媒体数据管理、数字媒体版权保护等。

（4）数字媒体传输，包括流媒体技术、点对点传输技术或对等互联网络技术（P2P）技术等。

数字媒体技术发展到今天，与许多技术有着千丝万缕的联系。其中，最为明显且最具研究价值的技术当属虚拟现实技术。无论是从技术特点还是从社会需求来看，虚拟现实技术与数字媒体技术都有非常密切的联系。

4. 数字媒体技术发展趋势

数字媒体技术经过近年来的不断发展，在互联网、电信运营、广电传播等众多领域的应用前景广阔。

　　数字媒体技术与虚拟现实技术、融媒体技术密切联系。例如，在教育方面已经出现了各种虚拟教学平台，学生能够身临其境进行学习实践，从而提高学习效果；在娱乐方面，已经出现了各种新式的游戏交互方式；在广告展览方面各种数字体验馆、数字展览馆、数字科技馆不断涌现，这些场馆或多或少应用虚拟现实技术。又如，正在逐步普及的 3D 电视机也是虚拟现实立体显示技术的体现。如今，虚拟现实的应用需求越来越强调艺术性，要求作品既具有交互体验性，也具有观赏性。虚拟现实技术主要是借助计算机数字媒体技术的相关手段，将现实世界以仿真的形式进行再现。虚拟现实技术在未来的应用将更加广泛，在未来城市规划、军事、图像与智能技术领域的应用不断深化。

　　互联网技术改变了整个世界，数字媒体在传播范围、速度、内容等方面均优于传统媒体。媒体融合发展需要专业人才支撑，并且融媒体领域对专业人才的职业要求和素养要求相对较高，这种需求带动数字媒体技术不断发展。融媒体技术和数字媒体技术的融合给人们带来了更多的改变和便利。未来数字媒体技术的发展将融合更多服务，满足更多要求。

课 后 习 题

一、名词解释

媒体。

二、简答题

数字媒体技术主要包括哪些方面？

任务 2　数字文本处理

　　当今社会，日新月异的数字科技影响着每个人的生活。数字文本经历了很长时间的演变，冲破重重障碍，才有了现在的发展。随着数字多媒体技术的不断发展，计算机可以处理的媒体种类越来越多，但文本的应用仍然占据相当大的比重，包括从日常工作中最常用的文字排版等。本任务重点介绍数字文本基础知识及其相关技术。

学习目标

　　（1）了解文本概念。
　　（2）了解数字文本处理过程。
　　（3）掌握文本准备、文本编辑与排版、文本存储与传输、文本展现等操作。

任务实施

　　从远古时期的文字，到现在的数字文本；从传统的藏书楼，到现在的数字图书馆；从古代的手抄本，到纸质书再到电子书，数字科技给人类所带来的改变显而易见。文本到数字文本的不断发展也是人类发展的巨大进步。数字文本的处理具体实现需要处理技术支撑进行完成。

　　1. 数字文本概念

　　文字信息在计算机中称为"文本"（text），数字文本是计算机中最常用的是以文字及符号为主的一种数字媒体。数字文本也叫电子文本、计算机文本，是用二进制数"0"和"1"在电子设备上表现的字符信息。它由一系列"字符"（character）组成，每个字符均使用二进制编码表示。它是计算机处理人类信息的一个基本方面。

　　2. 数字文本处理过程

　　文本在计算机中的处理过程如图 10-3 所示：
　　1）文本准备
　　文本的准备需要将文稿输入计算机。文稿输入有两种情况，一是文字符号的输入，具体分为人工输入和自动输入。人工输入分为键盘输入、联机输入和语音输入。自动输入分

为印刷体识别、手写体识别。纸介质文本通过扫描仪扫描，形成文本的印象，然后经过 OCR 的过程形成数字文本。二是汉字的键盘输入，汉字与键盘不是一一对应的，必须使用几个键来表示一个汉字，这就是键盘输入编码。汉字键盘输入几种方法包括数字编码、字音编码、字形编码和音形编码。

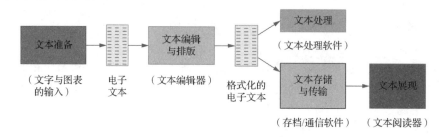

图 10-3　数字文本处理过程图

2）文本编辑与排版

文本编辑是指对文本中的字、词、句和段落进行添加、删除与修改等操作，文字排版是指对文本中的字符、段落和整篇文章的格式进行设计与调整，例如，对字符格式进行设置，对段落格式进行设置，对文档页面进行格式设置等。

3）文本处理

文本处理是指使用计算机对文本中的字、词、短语、句子和篇章，进行识别、转换、分析、理解、压缩、加密与检索等有关的处理。

文本处理内容包括以下 8 个方面：

（1）字数统计，词频统计，简/繁体相互转换，汉字/拼音相互转换。

（2）词语排序，词语错误检测，文句语法检查。

（3）自动分词，词性标注，词义辨识，大陆/台湾地区术语转换。

（4）关键词提取，文摘自动生成，文本分类。

（5）文本检索（关键词检索、全文检索），文本过滤。

（6）文语转换（语音合成），文种转换（机器翻译）。

（7）篇章理解，自动问答，自动写作。

（8）文本压缩，文本加密，文本著作权保护。

4）文本存储与传输

文本是以 ASCII 码进行存储的，即英文、数字等字符存储的是 ASCII 码，而汉字存储的是机内码。文本只能存储有效字符信息。

文本通过文本传输器运用 ASCII 码，并通过 Enter 键和换行符进行传输。在文本传输中，文本被转换成接收方机器需要的任一格式。

数字文本以二进制代码进行存储与传输，不用转换或格式化就可传输字符，二进制代码的传输比文本方式更快，并且可以传输一切 ASCII 码。

5）文本展现

文本展现是指将文本嵌入文本编辑（处理）软件中，使用文本阅读器或文本浏览器（如
Word 等）进行操作，具体包括以下 3 个方面内容：

（1）对文本的格式描述进行解释。

（2）生成文字和图表的映像（bitmap）。

（3）将文本传输到显示器或打印机。

课 后 习 题

（1）什么是文本？

（2）什么是数字文本？

任务3　数字图像处理

 任务导入

为了获得一定的预期效果和相关数据，利用计算机处理系统对获得的数字图像进行一系列有目的的操作，这需要用到数字图像处理技术。本任务学习数字图像处理技术和操作。

🔳 学习目标

（1）了解数字图像处理技术及其处理过程。

（2）掌握数字图像处理关键技术，以及数字图像的去噪、增强、复制、分割、提取特征、压缩、存储、检索等操作。

任务实施

数字图像处理技术最早出现在 20 世纪中期，伴随计算机技术的发展，数字图像处理技术也一步一步地发展。数字图像处理首次在航空航天领域获得成功的应用：1964 年，该领域研究人员在计算机上对几千张月球照片使用图像处理技术，绘制了月球表面地图，取得了数字图像处理应用里程碑式的成功。近年来，科学技术的不断发展使数字图像处理在各领域都得到了更加广泛的应用和关注。许多学者在图像处理技术中投入了大量的研究并且取得了丰硕的成果，使数字图像处理技术达到新的高度，并且发展迅猛。

1. 数字图像处理技术概述

数字图像处理通常要用到数字图像采集器、图像处理计算机、摄像机、图像显示终端等设备，通过这些设备实现数字图像处理全过程。相对于传统的图像处理技术，数字图像处理技术具有可以实现图像再现、自动化程度高、图像处理速度快、应用范围广等优点。此外，在实际应用过程中，数字图像处理技术可以与智能交通系统中的电子技术、智能化技术相结合，从而实现对城市交通全方位、多角度的监控管理，减少城市交通管理中的人力、物力，提高管理效率。

2. 数字图像处理关键技术

数字图像处理就是利用各种数字硬件与计算机，把图像信息转换成电信号进行相应的数学运算。数字图像处理关键技术包括以下 5 种：

1）图像去噪

在数字图像未处理前，其表面会出现许多斑点等类似的干扰信号，通常把这样的干扰信号或干扰序列称为噪声。噪声的存在是必然的、随机的、不可预测的，但需要消除噪声，也就是所谓的图像去噪。图像去噪通常使用滤波器，含有噪声的不同图像通过同一个滤波器去噪，所产生的最终效果可能有很大的区别。这就表明，需要有针对性地使用不同的滤波器对图像去噪。

2）图像增强

图像增强的目的是改善视觉效果，或者便于人和机器对图像的理解和分析。进行图像增强操作时，根据图像的特点或存在的问题，采取简单的改善方法，增强图像的整体或局部特性。

3）图像复制

当数据处理好之后，需要提供给前端使用，也就有了数据服务层，该层主要通过应用程序编程接口（API）的方式对外提供服务。例如，对外提供图像数据查询服务。

4）图像分割

图像分割的目的是把一个图像分解出它的成分，图像分割是一个十分困难的过程。图像分割的方法主要有两种：一种方法是假设图像各成分的强度值是均匀的，并利用这个特性进行分割。另一种方法是寻找图像成分之间的边界，利用图像的不均匀性进行分割。

5）提取特征

这里，特征是指一个数字图像中"有趣"的部分，它是许多计算机图像分析算法的起点。因此，一个算法是否成功往往由它使用和定义的特征决定。特征被检测后它可以从图像中被抽取出来，这个过程可能需要许多用于图像处理的计算机。其结果被称为特征描述或者特征向量。因此，提取特征是指使用计算机提取图像中属于特征性的信息的方法及过程。特征提取最重要的一个特性是"可重复性"，从同一场景的不同图像中提取的特征应该是相同的。

6）图像压缩

数字图像需要很大的存储空间，因此在传输或存储时，需要对图像数据进行有效的压缩，其目的是生成占用较少存储空间又能获得与原图十分接近的图像。

7）图像存储

数字图像数据有两种存储方式：位图（Bitmap）存储和矢量图（Vector）存储。位图又称为点阵图像或位映射图像，它是由一系列像素组成的、可识别的图像。矢量图可直接用于描述数字图像数据的每个点，描述产生这些点的过程及方法，通过数学方程对需要处理的图像边线和内部进行填充描述以建立图形。

8）图像检索

从 20 世纪 70 年代开始，有关图像检索的研究就已开始，当时主要是基于文本的图像检索技术（Text-based Image Retrieval，TBIR），利用文本描述的方式描述图像的特征。到

90 年代以后，出现了基于图像的内容语义进行分析和检索的图像检索技术，即基于内容的图像检索（Content-based Image Retrieval，CBIR）技术。

课 后 习 题

一、名词解释

数字图像处理技术。

二、简答题

数字图像处理关键技术有哪些？

任务4　数　字　声　音

任务导入

声音无处不在，从声音到数字声音的发展和应用让我们感受到数字化时代的巨大变化。数字技术已全面进入广播影视领域。掌握数字声音的基础知识，对于如何应用数字声音有极其重要的意义。

学习目标

（1）了解数字声音的特点。
（2）熟悉处理、存储和传输声音的数字化过程。

任务实施

数字声音也称为数字音频，它是指一种利用数字技术对声音进行录制、存储、编辑、压缩、还原或播放的技术。

1. 数字声音特点

数字声音具有存储方便、存储成本低廉、失真小、编辑和处理非常方便等特点。

2. 声音的数字化

随着计算机技术的发展，特别是巨量存储设备和大容量内存在计算机上的应用，使声音的数字化处理成为可能。数字化处理的核心是对音频信息的采样，通过对采集到的样本进行加工，达到各种效果，这是音频媒体数字化处理的基本含义。声音信号的数字化处理可避免声音在传输过程中失真，保证声音信号的传输质量。声音的数字化需要经历采样、量化、编码3个过程。

（1）采样是指把时间上连续的模拟信号在时间轴上离散化的过程。

（2）量化的主要工作就是将幅度上连续取值的每个样本转换成离散值。

（3）编码是整个声音数字化的最后一步，其实声音的模拟信号经过采样，量化之后已经变为数字形式，但是为了方便计算机的储存和处理，需要对它进行编码，以减少数据量。

声音的数字化主要包括以下3个方面：

1）音频数字化

基本的音频数字化包括不同采样率、频率、通道数之间的变换和转换。其中，变换是

指简单地将其视为另一种格式，而转换需要通过重采样进行，在转换过程中还可以根据需要采用插值算法，以补偿失真。针对音频数据进行的各种变换包括淡入、淡出、音量调节等，还有需要通过各种数字滤波算法进行的变换。

2）声音存储的数字化

声音在计算机中是以数据文件形式存储的，数据库的每条记录对应一种声音，除了编号、名称、字段，还专门设计了路径字段，其中存放该音频文件的路径。当一切软硬件设备，如多媒体工作站、CD-R 刻录机、驱动程序和数据库程序都准备就绪后，就可以按批量进行音频文件的数字化转存了。首先对音频文件的相关标引信息进行整理，将需要转存的音频文件所对应的标引信息输入转存音频文件管理数据库中。当转存工作以多个工作站同时转录的方式进行时，数据库将按照排序规则对每个工作站发出转录某一编号文件的指令，工作人员只需按照编号查找。

3）声音传输的数字化

声音信号是模拟信号，直接传输模拟信号会造成失真。如果对声音信号进行数字化处理，传输时失真会得到有效控制。把声音信号变为数字信号并进行传输时，需要的传输速率为 64kb/s。

课 后 习 题

（1）数字声音特点有哪些？

（2）声音的数字化主要包括哪些方面？

任务5 数 字 视 频

 **任务导入**

随着信息技术的不断发展和更新，数字化已成为当今社会的主旋律，视频领域也不例外，出现了数字视频。数字视频技术应用于很多领域，对各个领域的影响也越来越深刻。为了更好地应用数字视频，要求读者掌握数字视频简单的基础理论知识。

学习目标

（1）了解数字视频的特点。
（2）熟悉数字视频处理技术。

任务实施

数字视频是指将传统模拟视频（包括电视及电影）片段捕获并转换成计算机能处理的数字信号，较常见的 VCD 就是一种经压缩的数字视频。数字视频的出现从本质上改变了视频的记录方式和处理过程，为视频的处理带来了革命性的变化，也为电影电视的制作开辟了一番新天地。

1. 数字视频特点

数字视频有以下特点：

（1）数字视频是由一系列二进制数组成的编码信号，它比模拟信号更精确，而且不容易受到干扰。

（2）数字视频的加工处理只涉及反映数字视频数据在计算机磁盘中的排列，即访问地址表。播放、剪辑数字视频只是控制计算机磁盘的磁头读出的值是 1 还是 0，与信号本身并不接触，不涉及实际的信号本身，这就意味着不管对数字信号做多少次处理和控制，画面质量几乎是不会下降的，可以多次复制而不失真。

（3）可以运用多种编辑工具（如编辑软件）对数字视频进行编辑加工，数字视频的处理方式也是多种多样，可以制作许多特技效果。将视频融入计算机化的制作环境，改变了以往视频处理的方式，也便于视频处理的个人化、家庭化。

（4）数字信号可以被压缩，使更多的信息能够在带宽定的频道内传输，大增加了节目资源，并且还可以突破单向式的信号传输，实现交互式的信号传输。随着数字视频应用范围的不断拓展，它的优势也越来越明显。

2. 数字视频处理技术

1）数字视频编辑技术

数字视频编辑技术应用很广泛。典型的数字视频编辑过程如下：首先创建一个编辑的过程平台，将数字视频素材用拖曳的方式放入过程平台。这个平台可自由地设定视频展开的信息，可以逐帧展开，也可以逐秒展开，可以选择间隔。调用编辑软件提供的各种手段，对各种数字视频素材进行剪辑、重排和衔接，添加各种特殊效果，如二维或三维特技画面，叠加中英文字幕、动画等。这些过程的各种参数可以被反复任意调整，便于用户对过程的控制和对最终效果的把握。

2）数字视频后期特效处理技术

现代的数字视频后期制作在手段上已经越来越偏重数字技术和动画技术。数字视频后期制作是指除前期视频素材拍摄外的工作总称，其主要工作内容就是对拍摄完的视频素材或软件制作的动画做后期特效处理，使其成为按照编剧和导演要求的技术和艺术创作的效果完整的视频。

3）数字视频编码/解码技术

数字视频处理的关键技术是数字视频编码/解码技术。数字视频编码解码涉及很多项视频和音频处理技术，每项技术的改进都对数字视频编码做出相应的贡献。

课 后 习 题

（1）数字视频的特点是什么？
（2）数字视频处理技术有哪几种？

项 目 小 结

本项目主要介绍数字媒体的概念、技术、发展趋势等基础知识，以及有关数字媒体技术。

数字媒体艺术与数字技术的融合创新应用

数字媒体艺术是数字技术与艺术相结合形成的多学科交叉的创新领域，一般是指以"数字"作为媒介素材,运用数字技术进行创作，具有一定独立审美价值的艺术形式或艺术

过程。数字媒体艺术也是指在创作、承载、传播、鉴赏与批评等艺术行为方式上推陈出新，颠覆传统艺术的创作手段、承载媒介和传播途径，进而在艺术审美的感觉、体验和思维等方面产生深刻变革的新艺术形态。可以说，数字媒体艺术是一种真正的技术类艺术，是建立在技术的基础上并以技术为核心的新艺术，该艺术以交互性和网络媒体为基本特征。

数字媒体艺术不仅融合了多学科元素，而且技术与艺术的融合使得两者的边界逐渐消失，在数字媒体艺术作品中技术的作用越来越重要。例如，2008 年，在北京举办的第 29 届奥林匹克运动会（简称奥运会）开幕式上，具有两千多年历史的奥林匹克运动与五千多年的灿烂中华文化交相辉映，共同谱写了人类文明气势恢弘的新篇章。这届奥运会被认为第一届数字奥运会，数字技术的应用与数字媒体艺术作品的展现让全世界观众看到了盛世中国，也让中国人感到自豪和骄傲。又如，2022 年，在北京举办的第 24 届冬季奥林匹克运动会（简称冬奥会）中，数字媒体技术的成熟应用将本届冬奥会体育赛事转播带入了新时代。奥运会不仅是竞技体育的角力场，更是奉献给全世界体育爱好者的媒介盛宴。北京冬奥会上每个项目的特点与运动员的精彩瞬间都被镜头完美地捕捉，本届冬奥会也成为奥运史上首次实现 8K 视频技术直播和重要体育赛事转播的冬奥会。"科技赋能"是本届冬奥会的亮点之一，相关体育赛事报道在传统电视与互联网上直播，展现了中国技术的实力。在本届冬奥会中展示的关于数字媒体、人工智能、自动驾驶等一系列科技成果，都是数字媒体艺术与数字技术相结合的创新性应用。第 24 届冬奥会已经落下帷幕，但它留给世界的震撼还在持续。未来，数字媒体艺术与数字技术的融合应用前景非常广阔。

数字媒体艺术与数字技术的融合，产生了数字化的创作和表达方式、多感官的信息传播途径、数字媒体艺术的交互性和偶发性、数字媒体艺术的沉浸性和超越时空性、新媒体艺术的创作走向平民化、技术的重要性凸显等特点，让更多的人自由地享受到艺术美好的体验感和情感的满足感。数字媒体艺术成为大众化的艺术形式，使得非专业人士也可以参与艺术创作，艺术不再是少数人的"专利"，更多的普通人也可以参与艺术作品的创作与传播。

随着科技的发展和数字媒体艺术的成熟，数字媒体艺术与数字技术的关系变得更加密切，艺术对数字技术的依赖性越发明显。未来两者的融合创新应用将给全世界人民带来更多的文化和精神盛宴，创造出更多的文化艺术作品，使世界更加丰富和绚烂。

自 测 题

数字图像处理技术的优点有哪些？

项目 11 虚 拟 现 实

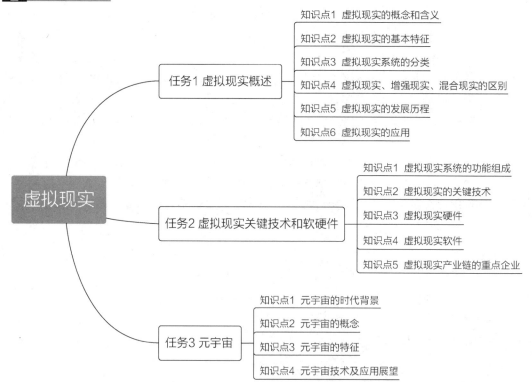

项目导读

　　虚拟现实技术是一种可以创建和体验虚拟世界的计算机仿真系统，它利用计算机等设备产生一个逼真的三维视觉、听觉、触觉、嗅觉等多种感官体验的虚拟世界，用户借助一定的设备与虚拟世界中的对象进行交互和相互影响，从而产生身临其境的感受和体验。虚拟现实技术是一门综合性技术，具有多感知、可视化、交互性、沉浸性、构想性等特点，在军事、航空航天、制造业、建筑、交通仿真、医疗健康、游戏娱乐、教育培训等众多领域广泛应用。本项目将主要介绍虚拟现实的概念、分类、发展历程、应用、关键技术和软硬件等。

知识框架

虚拟现实

- **任务1 虚拟现实概述**
  - 知识点1　虚拟现实的概念和含义
  - 知识点2　虚拟现实的基本特征
  - 知识点3　虚拟现实系统的分类
  - 知识点4　虚拟现实、增强现实、混合现实的区别
  - 知识点5　虚拟现实的发展历程
  - 知识点6　虚拟现实的应用

- **任务2 虚拟现实关键技术和软硬件**
  - 知识点1　虚拟现实系统的功能组成
  - 知识点2　虚拟现实的关键技术
  - 知识点3　虚拟现实硬件
  - 知识点4　虚拟现实软件
  - 知识点5　虚拟现实产业链的重点企业

- **任务3 元宇宙**
  - 知识点1　元宇宙的时代背景
  - 知识点2　元宇宙的概念
  - 知识点3　元宇宙的特征
  - 知识点4　元宇宙技术及应用展望

任务 1 虚拟现实概述

 **任务导入**

20 世纪 80 年代，美国生产数据手套的 VPL 公司创始人杰伦·拉尼尔首次提出了"虚拟现实"概念，以统一表述当时涌现的各种借助计算机技术及传感装置所创建的模拟环境。2009 年底，一部刷新全球电影史票房纪录的电影《阿凡达》诞生，它不但引发了 3D 电影热潮，也描绘了人类未来世界的一种可能。在该电影中，因战斗受伤而下身瘫痪的前海军战士杰克·萨利通过一台高科技机器，将自己的意识传输到另一个躯体上，他因此能跑、能跳，可以飞跃高空、穿越丛林，并成为"纳美人"的一员，还在这个潘多拉星球上与纳美部落的公主娜蒂瑞坠入爱河。影片中的这段情节在今天看来就是虚拟现实：真实的人在原地，却可以看到不同的地方和不同的画面，体验不同的生活，还可以将自己换一种身份、变一种模样，在虚拟世界当中与其他人相知相遇。那么到底什么是虚拟现实？虚拟现实技术是如何发展的？其典型应用有哪些？

学习目标

（1）了解虚拟现实的概念和含义。
（2）了解虚拟现实的基本特征。
（3）了解虚拟现实系统的分类。
（4）了解虚拟现实、增强现实、混合现实的区别。
（5）了解虚拟现实的发展历程。
（6）了解虚拟现实的应用。

任务实施

1. 虚拟现实的概念和含义

虚拟现实概念效果图如图 11-1 所示。虚拟现实（Virtual Reality，VR）也称为灵境技术，它是仿真技术的一个重要方向，也是仿真技术与计算机图形学、人机接口技术、多媒体技术、传感技术、网络技术等多种技术的集合，还是一门富有挑战性的交叉技术前沿学科。利用计算机模拟一个三维空间的虚拟世界，给用户提供关于视觉等感官的模拟，让用户仿佛身临其境，可以及时、无限制地观察三维空间内的事物。用户进行位置移动时，计算机可以立即进行复杂的运算，将精确的三维世界视频传回，以产生临场感。该技术集成

了计算机图形、计算机仿真、人工智能、感应、显示和网络并行处理等技术的最新发展成果，是一个由计算机技术辅助生成的高技术模拟系统。虚拟现实是人类在探索自然和认识自然过程中创造产生并逐步形成的一种用于模拟自然，进而更好地适应和利用自然的技术。

图 11-1　虚拟现实概念效果图

　　虚拟现实是利用计算机和一系列传感设施实现的，使人能产生置身于真正现实世界的感觉，是一个看似真实的模拟环境，不但能给用户带来视觉上的冲击，还能给用户带来触觉、嗅觉等其他感官的全新体验。通过传感设施，用户根据自身的感觉，使用自然技能考察和操作虚拟世界中的物体，获得看似真实的体验。其具体含义如下：

　　（1）虚拟现实是一种基于计算机图形学的多视点、实时动态的三维空间环境，这个环境可以是现实世界的真实再现，也可以是超越现实的虚拟世界。

　　（2）操作者可以通过视觉、听觉、触觉、嗅觉等多种感官，直接以人的自然技能和思维方式与虚拟世界交互。

　　（3）在操作过程中，人是以一种实时数据源的形式沉浸在虚拟世界中的行为主体，而不仅仅是窗口外部的观察者。

　　虚拟现实的作用对象是人，人是行为主体，以人的直观感受体验为基本评判依据。该技术将改变我们与朋友和整个世界进行交互的基本方式。

　　2. 虚拟现实的基本特征

　　1994 年，美国科学家 G.Burdea 和 P.Coiffet 提出了虚拟现实的 3 个基本特征：沉浸性（Immersion）、交互性（Interactivity）和构想性（Imagination），简称"3I 特性"。其中，沉浸性是虚拟现实系统最重要的特性，沉浸性又称为临场感，指用户感受到作为主角存在于模拟世界中的真实程度；交互性是指用户对模拟世界中的物体的可操作程度和从其中得到反馈的自然程度（包括实时性）；构想性又称为想象力，强调虚拟现实技术应具有广阔的可

想象空间，可拓宽人类认知范围，不仅可再现真实存在的环境，也可以随意构想客观不存在的甚至是不可能发生的环境。

3. 虚拟现实系统的分类

根据交互性、沉浸感及用户参与形式的不同，虚拟现实系统类型一般分为桌面式、沉浸式、增强式和分布式 4 种。

1）桌面式虚拟现实系统

桌面式虚拟现实（Desktop VR）系统利用个人计算机或初级图形工作站，以计算机屏幕作为用户观察虚拟世界的一个窗口，采用立体图形、自然交互技术产生三维空间的交互场景，用户通过包括键盘、鼠标和三维空间交互球等在内的各种输入设备操纵虚拟世界，实现与虚拟世界的交互。桌面式虚拟现实系统的特点是结构简单、价格低廉、经济实用、易于推广，但沉浸感不强。

2）沉浸式虚拟现实系统

沉浸式虚拟现实（Immersive VR）系统是一种高级的、较理想的虚拟现实系统，它提供一个完全沉浸式体验，使用户有一种仿佛置身于真实世界中的感觉。通常采用洞穴式立体现实装置（CAVE 系统）或头盔式显示器（HMD）等设备，首先把用户的时间、听觉和其他感觉封闭起来，并提供一个新的、虚拟的感觉空间，利用三维鼠标、数据手套、空间位置跟踪器等输入设备和视觉、听觉等输出设备，采用语音识别器让用户对该系统主机下达操作命令。同时，用户的头、手、眼均被相应的头部跟踪器、手部跟踪器、眼镜视向跟踪器追踪，使该系统尽可能地达到实时性，从而使用户产生一种身临其境、完全投入和沉浸于其中的感觉。

3）增强式虚拟现实系统

增强式虚拟现实（Augmented VR）系统是指把真实场景和虚拟场景叠加在一起，这种系统现在已成为虚拟现实的一个分支，被称为"增强现实"（Augmented Reality，AR）。增强现实是一种把利用计算机对用户所看到的真实场景产生的附加信息进行景象增强或扩张的技术，将虚拟场景的一些信息通过模拟后进行叠加，然后呈现到真实场景的一种技术。这种技术使虚拟场景和真实场景共同存在，大大地增强人们的感官体验。增强现实的三大技术要点是三维注册（跟踪注册技术）、虚拟现实融合现实、人机交互。首先，通过摄像头和传感器对真实场景进行数据采集，把所采集的数据输入处理器进行分析和重构。其次，通过头盔式显示器或智能移动设备上的摄像头、陀螺仪、传感器等设备，实时更新用户在真实场景中的空间位置变化数据，从而得出虚拟场景和真实场景的相对位置，实现坐标系的对齐并进行虚拟场景和现实场景的融合计算。最后，将合成影像呈现给用户。用户可通过头盔式显示器或智能移动设备上的交互配件，如话筒、眼动追踪器、红外感应器、摄像头、传感器等设备采集信号，进行相应的人机交互及信息更新，实现增强现实的交互操作。其中，三维注册是虚拟现实技术核心，即以真实场景中的二维或三维物体为标识物，将虚拟场景信息与真实场景信息进行对位匹配，即虚拟场景中的物体位置、大小、运动路径等与真实场景必须完美匹配，达到虚实相生的程度。例如，战斗机飞行员使用的头盔式显示

器可让他同时看到机身外世界和叠加的合成图形，合成图形可在机身外地形视图上叠加地形数据，如高亮度的目标、边界或战略陆标。

4）分布式虚拟现实系统

分布式虚拟现实（Distributed VR）系统又称为共享式虚拟现实系统，是虚拟现实技术和网络技术相结合的产物，在沉浸式虚拟现实系统的基础上，将地理上分布的多个用户或多个虚拟场景通过网络连接在一起，使每个用户同时参与一个虚拟世界，通过联网的计算机与其他用户进行交互，共同体验虚拟经历，用户的协同工作达到一个更高的境界。该系统是一种基于网络连接的虚拟现实系统，将不同的用户通过网络连接起来，共同参与、操作同一个虚拟世界中的活动。例如，异地的医学专业学生可以通过网络对虚拟手术室中的患者进行外科手术。又如，国际空间站的参与国分布在世界不同区域，参与国利用分布式虚拟现实训练环境而不需要在本国重建仿真系统。这样，不仅减少了研制设备的费用，而且也减少了人员出差的费用和异地生活的不适。

4. 虚拟现实、增强现实、混合现实的区别

虚拟现实是利用计算机模拟产生一个三维空间的虚拟世界，提供关于视觉、听觉、触觉等感官的模拟，让用户如同身临其境一般。在这个虚拟空间内，用户感知和交互的是虚拟世界里的东西。目前，在智能穿戴市场上，虚拟现实的代表产品有很多，如元宇宙公司的 Oculus Rift（见图 11-2）。

图 11-2　元宇宙公司的 Oculus Rift

增强现实是在虚拟现实的基础上发展起来的一种将真实场景信息和虚拟场景信息无缝集成的新技术，它将计算机生成的虚拟场景叠加到真实场景中，以对真实场景进行补充，使用户在视觉、听觉、触觉等方面增强对真实场景的体验。目前在增强现实领域最具代表性的产品有微软公司的 HoloLens（见图 11-3）等。

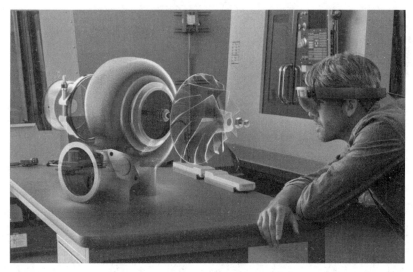

图 11-3 微软公司的 HoloLens 产品

　　混合现实（Mixed Reality，MR）是虚拟现实技术的进一步发展，该技术通过在真实场景中呈现虚拟场景信息，在现实世界、虚拟世界和用户之间搭建一个交互反馈的信息回路。近年来，应用全息投影技术的混合现实使用户可以实现不用戴眼镜视向跟踪器或头盔式显示器就能看到真实三维空间的物体，全息的本意是在真实场景中呈现一个虚拟三维空间，利用光信号的干涉和衍射原理记录并再现物体真实的三维图像。图 11-4 所示为美国增强现实初创公司——Magic Leap 发布的关于体育馆鲸类表演的混合现实视频。

图 11-4　Magic Leap 发布的关于体育馆鲸类表演的混合现实视频

　　简单地说，虚拟现实是全虚拟世界，是把虚拟的世界呈现到用户眼前，增强现实和混合现实都是半真实、半虚拟的世界。从狭义上说，虚拟现实以想象为特征，创造与用户交互的虚拟场景。从广义上说，虚拟现实包含增强现实和混合现实，是虚拟世界与真实世界的辩证统一。增强现实以虚实结合为特征，将虚拟场景信息和真实场景叠加，实现对现实

的增强。混合现实将虚拟场景和真实场景融合创造为一个全新的三维场景，其中物理实体和数字对象实时并存且相互作用。增强现实和虚拟现实的区分并不难，难的是增强现实和混合现实的区分。从概念上说，虚拟现实是纯虚拟数字画面，而增强现实是虚拟数字画面加上裸眼现实场景，混合现实是数字化现实场景叠加虚拟数字画面。当然，很多时候，人们把混合现实也当作增强现实。

5. 虚拟现实的发展历程

2014 年 3 月，Facebook 公司以 20 亿美元收购沉浸式虚拟现实技术公司 OculusVR，并计划将其在游戏领域的优异表现运用到其他领域，包括教育、娱乐、工作，以及充满无限想象的社交和通信平台，虚拟现实（VR）这个词也因此进入大众的视野。随后各行业巨头企业先后宣布进驻这一新兴市场，资本争相涌入虚拟现实领域，虚拟现实技术迅速风靡全球，两个大厂商宏达国际电子股份有限公司（HTC）、索尼公司（SONY）相继宣称发布自家的虚拟现实设备，并都将发布日期定在 2016 年，因此，2016 年被产业界称为"虚拟现实元年"。

实际上，虚拟现实是一个逐渐形成的概念，其技术不断进步，并且在内涵上不断调整和丰富。虚拟现实的发展大体上可以分为 4 个阶段：20 世纪 70 年代以前，是虚拟现实思想萌芽和诞生的阶段；20 世纪 80 年代，是虚拟现实的初步发展阶段；20 世纪 90 年代至21 世纪初期，是虚拟现实的高速发展阶段；21 世纪初期至今，是虚拟现实的大众化与多元化应用阶段。

1）虚拟现实思想的萌芽和诞生阶段

虚拟现实是对生物在自然环境中的感官和动作等行为的一种模拟交互技术，它与仿真技术的发展是息息相关的。中国古代的风筝就是模拟飞行动物和人之间互动的大自然场景，风筝的拟声、拟真、互动的行为是仿真技术在中国的早期应用，它也是中国古代人试验飞行器模型的最早发明。西方人利用中国古代风筝的原理发明了飞机，1929 年，发明家 Edwin Link 发明了室内飞行模拟器，让操作者能有乘坐真正飞机的感觉。1935 年，美国著名科幻小说家 Stanley G.Weinbaum 发表了不到 40 页的小说《皮革马利翁的眼镜》（其封面见图 11-5），书中描述主角精灵族教授阿尔伯特·路德维奇发明了一副眼镜，只要戴上该眼镜就能进入电影中，"看到、听到、尝到、闻到和触到各种东西。你就在故事当中，能跟故事中的人物交流"。这是学界认为对沉浸式体验的最初详细描写，也代表以眼镜为基础，涉及视觉、触觉、嗅觉等全方位沉浸式体验的虚拟现实概念萌芽。1956—1962 年，Morton Heilig 发明了名为 Sensorama 的全传感仿真器（见图 11-6），蕴涵了虚拟现实技术的思想理论，它是一款集成体感装置的 3D 互动终端，集成了 3D 显示器、立体声音箱、气味发生器以及振动座椅，用户坐在上面能够体验到 6 部炫酷的短片，体验非常新潮。当然，它看上去硕大无比，像是一台医疗设备，无法成为主流的娱乐设施。1968 年美国计算机图形学之父 Ivan Sutherlan 开发了第一个计算机图形驱动的头盔式显示器及头部位置跟踪系统，是虚拟现实技术发展史上一个重要的里程碑。此阶段也是虚拟现实技术的探索阶段，为虚拟现实技术的基本思想产生和理论发展奠定了基础。

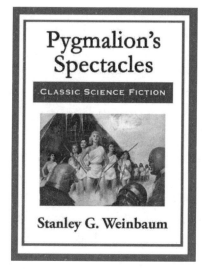

图 11-5 《皮革马利翁的眼镜》图书封面

图 11-6 Sensorama 全传感仿真器

2）虚拟现实的初步发展阶段

20 世纪 80 年代是虚拟现实从实验室走向系统化实现的阶段，在军事与航天领域应用的推动下，出现了一些比较典型的虚拟现实系统。

1983 年，美国国防高级研究计划局和美国陆军共同为坦克的编队作战训练开发了一个实用的虚拟战场系统 SIMNET。该系统中的每个独立的模拟器都能单独模拟 M1 坦克的全部功能，包括导航、武器发射、传感和显示等。1984 年，美国国家航空航天局（NASA）开发出用于火星探测的虚拟环境视觉显示器，将火星探测器发回的数据输入计算机，为地面研究人员构造了火星表面的三维虚拟环境。1985 年，NASA 研制了一款安装在头盔上的虚拟现实显示设备——VIVED VR，给其配备了一块液晶显示屏，结合配戴者的实时头部运动追踪等功能，把该设备用于训练，以增强宇航员的临场感。1989 年，美国 VPL 公司创始人杰伦·拉尼尔（Jaron Lanier）正式提出了用"Virtual Reality"表示虚拟现实，该公司开发出世界上第一套传感数据手套 DataGloves 和第一套 HMD-EyePhones，大大推动了虚拟现实技术的发展和应用。

1990 年，在美国达拉斯召开的计算机图形图像特别兴趣小组会议上，与会人员明确提出了虚拟现实技术研究的主要内容，包括实时三维图形生成技术、多传感器交互技术和高分辨率显示技术，为虚拟现实技术确定了研究方向。

3）虚拟现实的高速发展阶段

20 世纪 90 年代至 21 世纪初期是虚拟现实技术高速发展阶段，计算机软硬件的发展为虚拟现实技术的发展打下了基础，虚拟现实理论进一步完善，以游戏、娱乐、模拟应用为代表的民用和虚拟现实在互联网上的应用开始兴起。虚拟现实技术的研究热潮也开始向民营高科技企业转移。

1991 年，在国际商业机器公司（IBM）的协助下，美国 Virtuality 公司开发了虚拟现实

游戏系统"VIRTUALITY"，玩家可以通过该系统进行实时多人游戏。1992 年，SENSE 8 公司开发了"WTK"开发包，为虚拟现实提供更高层次上的应用软件开发包，它的出现，极大缩短了虚拟现实系统的开发周期。同年，美国 Cruz-Neira 公司推出墙式显示屏自动声像虚拟环境 CAVE，CAVE 是世界上第一个基于投影的虚拟现实系统，结合高分辨率的立体投影技术、三维计算机图形技术和音响技术等，产生一个完全沉浸式虚拟场景。1993 年，宇航员利用虚拟现实系统的训练功能，完成了从航天飞机运输舱内取出新的望远镜面板的工作。波音公司用虚拟现实技术设计出由 300 万个零件组成的波音 777 飞机。Robyn 和 Rand Mill 兄弟创造了一个极其成功的图形计算机游戏 Myst，在该游戏中，玩家在非沉浸式虚拟现实中探索一个岛屿。1994 年 3 月，在日内瓦召开的第一届国际互联网大会上，首次正式提出了"虚拟现实 ML"（Virtual Reality Modeling Language：虚拟现实建模语言）的概念。此后又陆续出现了其他虚拟现实建模语言，如 X 3D、Java 3D 等，这些都为图形数据的网络传输和交互奠定了基础。1994 年，G.Burdea 和 P.Coiffet 出版了《虚拟现实技术》一书，书中使用"3I"（Imagination，Interaction，Immersion）概括虚拟现实技术的 3 个基本特征。1996 年 12 月，世界上第一个虚拟现实环球网在英国投入运行。这样，互联网用户就可以在一个有虚拟现实世界组成的网络中遨游，身临其境地欣赏各地风光、参观博览会等。输入英国"超景"公司的网址后，显示器上将出现超级城市的立体图像。用户可以从"市中心"出发，参观虚拟超市、游艺室、图书馆和大学等场所。1999 年，虚拟现实题材的电影《黑客帝国》上映。在此阶段，迅速发展的计算机软硬件系统使得基于大型数据集合的声音和图像的实时动画制作成为可能，越来越多的新颖输入输出设备相继进入市场，而人机交互系统的设计也在不断创新，这些都极大地推动虚拟现实系统在工程设计、教育、医学、军事、娱乐等方面的深入应用。

4）虚拟现实的大众化与多元化应用阶段

进入 21 世纪后，虚拟现实系统和设备开始走向成熟，而且硬件设备的价格也不断降低，从而促进了虚拟现实在教育、医疗、娱乐、科技、工业制造、建筑和商业等领域的应用，此时，虚拟现实技术进入软件高速发展的时期。在这一阶段，虚拟现实技术引入了 XML、Java 等技术，应用强大的 3D 计算能力和人机交互技术，提高渲染质量和传输速率，进入了崭新的发展时代。虚拟现实技术与文化创意产业、3D 电影、人机交互、增强现实等集成应用，虚拟现实进入产业化发展阶段。

我国关于计算机建模与仿真的研究开展较早，在 20 世纪 70 年代初，这方面的研究主要集中在航空航天领域。虚拟现实则起步较晚，20 世纪 90 年代初我国一些高等院校和科研院所的研究人员从不同角度开始对虚拟现实技术进行研究，北京航空航天大学是国内最早进行虚拟现实技术研究的单位之一，在 2000 年 8 月该校成立了虚拟现实新技术教育部重点实验室。30 多年来，我国许多高等院校、科研院所及其他许多应用部门的科研人员进行了各具背景、各有特色的研究工作。2006 年，国务院颁布了《国家中长期科学和技术发展规划纲要（2006—2020 年）》将 VR 技术列为信息领域优先发展的前沿技术之一。2007 年，科技部正式批准依托北京航空航天大学建设虚拟现实技术与系统国家重点实验室。

如今，"互联网+"构筑了产业融合发展的新生态。同样，未来"VR+"也将带动许多

行业升级换代，为产业发展带来翻天覆地的变化。虚拟现实产业作为战略性新兴产业，为我国提供了同步参与国际创新、实现弯道超车的难得机遇。目前，中国的虚拟现实技术产业已经显示出巨大的商业前景。众多巨头企业纷纷入局，国家也表示出对虚拟现实技术发展的高度重视。当前我国正处于建设制造强国的重要时期。虚拟现实、产品和服务既是制造业新的战略性发展方向，也是支撑制造业创新发展、模式转变的重要手段。面对快速发展的虚拟现实和应用，我国需要更加重视它对实现制造业转型升级的重要推动作用，加大政策支持力度，加速突破关键核心技术，力争在制造业与虚拟现实的共同发展进程中，形成新的竞争力和竞争优势。

6. 虚拟现实的应用

虚拟现实技术已经广泛应用于娱乐游戏、教育培训、军事和航空航天、制造业、医疗健康、建筑等众多领域。

1）娱乐游戏

通过虚拟现实技术创建的虚拟场景，使娱乐参与者有身临其境的感觉，将自己作为娱乐主角的体验更加强烈，增强了娱乐的趣味性和难度。2020 年，在赫尔辛基举行的虚拟现实音乐会吸引了超过 100 万名观众。在芬兰说唱团体 JVG 的主持下，这场音乐会总共吸引了芬兰 12%的人口，而近 150000 名观众为自己创建了虚拟化身。就游戏本身的发展而言，从最早的文字 MUD 游戏到 2D 游戏，再到 3D 游戏，随着画面和技术的进步，游戏的拟真度和代入感越来越强，但因当时技术等方面的限制而无法让玩家在玩游戏时脱离置身事外的感受。虚拟现实技术的出现为他们带来了曙光，它不仅使游戏更具逼真效果，也更能让玩家沉浸其中。

2）教育培训

如今，虚拟现实技术已经成为促进教育发展的一种新型教育手段，各大院校利用虚拟现实技术建立了与学科相关的虚拟实验室帮助学生更好地学习。现在利用虚拟现实技术可以帮助学生打造生动、逼真的学习环境，使学生通过真实感受增强记忆。相比于被动性灌输，利用虚拟现实技术进行自主学习更容易让学生接受，这种方式更容易激发学生的学习兴趣。虚拟现实技术能将三维空间的事物清楚地呈现出来，学生能直接、自然地与虚拟环境中的各种对象进行交互，以多种形式参与事件的发展变化过程，这种参与和体验感对学生的学习效果是非常有效的。例如，某些机械或电子设备的工作过程是看不见的，传统的教学挂图又难以立体、连续地展示其工作过程；又如，发动机的工作过程、网络交换机的工作过程等也是看不见的，而通过虚拟场景能逼真地再现这些设备的工作过程。此外，将虚拟技术应用于教育，还可以节省成本、规避风险，打破时空的限制。

（1）节省成本。通常由于设备、场地、经费等限制，因此许多教学实验无法进行或无法再现，而利用虚拟现实系统，学生在足不出户的情况下就可以做各种实验，获得与真实实验一样的体会。

（2）规避风险。虚拟实验可以避免真实实验或操作带来的各种危险，在虚拟实验中，学生可以放心地去做各种实验。例如，做虚拟化学实验时，可避免化学反应所产生的燃烧、

爆炸、中毒等危险；做虚拟外科手术时，可避免因操作失误而造成医疗事故；利用虚拟飞机驾驶培训系统，可避免因学员操作失误而造成飞机坠毁的严重事故。

（3）打破时空限制。大到宇宙天体，小到原子核，学生都可以进入这些物体的内部进行观察。另外，对有些需要长时间观察和记录的变化，如冰川的融化、气候的变迁、生物学中孟德尔定律的验证等，利用虚拟现实技术在几分钟内就可以实现。

3）军事和航空航天

虚拟现实的最新技术成果往往被率先应用于军事和航空航天领域，利用虚拟现实技术可以模拟新式武器的操纵和训练，以取代危险的实际操作。利用虚拟现实仿真环境，可以在虚拟或仿真的环境中进行大规模军事演练模拟，模拟场景如同真实战场，操作者可以体验到真实的攻击和被攻击的感觉。这将有利于从虚拟武器和战场顺利过渡到真实武器和战场，在武器系统性能评价、武器操作训练、指挥大规模军事演习 3 个方面的仿真应用中，能发挥大幅度降低军费、极大提高效益、消除意外伤亡事故的重大作用。利用虚拟现实技术模拟战争过程已成为最先进的研究战争、培训指挥员的方法。战争实验室在检验预定作战方案用于实战方面也能起巨大作用。航空航天是往往是耗资巨大且操作非常烦琐的工程，因此，人们利用虚拟现实技术和计算机的统计模拟，在虚拟空间中重现现实中的航天飞机与飞行环境，使飞行员在虚拟空间中进行飞行训练和实验操作，极大地降低实验经费和实验的危险系数。例如，利用虚拟训练系统对航天员进行失重心理训练，使其建立失重环境下的空间方位感；构造航天器虚拟座舱模型，用于训练航天员，使之熟悉舱内布局、界面和位置关系，演练飞行程序和操作、维修技能等。

4）制造业

虚拟现实技术的出现和发展给制造业的研发设计、生产制造、经营管理、销售服务等全产业链创新发展提供了新工具和新方法。

在研发环节，虚拟现实技术可以展现产品的立体面貌，使研发人员能够全方位构思产品的外形、结构、模具及零部件使用方案，特别是在飞机、汽车等大型装备产品的研制过程中，运用虚拟现实技术能大幅度提升对空气动力学的把握和产品性能的精准度。例如，波音公司将虚拟现实技术应用于波音 777 和波音 787 飞机的设计上，通过虚拟现实的投射和飞行动作捕捉技术，完成了对飞机外形、结构、性能的设计，所得到的方案与实际飞机的偏差小于千分之一英寸。据统计，采用虚拟现实技术设计的波音 777 飞机，设计错误修改量减少了 90%，研发周期缩短了 50%，成本降低了 60%。

在装配环节，目前虚拟现实技术主要应用于精密加工和大型装备产品制造领域，通过高精度设备、精密测量、精密伺服系统与虚拟现实技术的协同，能够实现细致均匀的工件材质、恒温恒湿且洁净防震的加工环境，以及系统误差和随机误差极低的加工系统之间的精准配合，从而提高装备效率和质量。例如，中国一拖集团有限公司应用本土企业——上海曼恒数字技术股份有限公司研发的"数字化虚拟现实显示系统"，打造出虚拟装配车间，可实现 360°内部全景漫游，既能多角度观察每个装配工位，又能精准跟踪装配工件的生产工艺流程，为我国大型农业装备制造行业的发展注入了新鲜血液和强大力量。

在检修环节，虚拟现实技术应用于复杂系统的检修工作，能够实现从出厂前到销售后

的全流程检测，并突破空间限制、缩短时间，提高服务效率、拓展服务内容、提升服务质量，将制造业服务化推向新的阶段。例如，美国福特公司联合克莱斯勒公司与 IBM 公司合作开发了应用于汽车制造的虚拟现实环境，在汽车出厂前就可检验其存在的设计缺陷，并辅助修正，大大缩短了新车型的研发周期。未来，通过远程数据传输，虚拟现实技术将帮助实现实时、远程、预判性的监测维修服务。

此外，在复杂的、高精度的制造环境中采用虚拟现实技术培训，能够立体展现制造场景，帮助学员通过全方位的感知体验，获取高仿真度、可重复、低风险的制造工艺学习体验，有利于制造业从业人员提前熟悉制造场景，提升应用技能。当前，已有许多国内外企业运用虚拟现实技术开展培训工作。例如，英国皇家装甲公司采用虚拟现实技术，对 14.5 吨的新型装甲车辆进行训练模拟，实现了对专用车型驾驶人的操作培训。

5）医疗健康

在医疗健康领域，虚拟现实技术广泛应用于医学教学、疾病诊断、手术模拟、康复医疗、远程医疗等方面，包括虚拟人体与虚拟解剖、虚拟手术模拟、虚拟医院、远程手术、康复训练和药物开发等典型应用。例如，医学专家们利用计算机，在虚拟空间中模拟人体组织和器官，让学生在其中进行模拟操作，并且能让学生感受到手术刀切入人体肌肉组织、触碰到骨头的感觉，使学生能够更快地掌握手术要领。而且，主刀医生们在手术前，也可以建立一个患者身体的虚拟模型，在虚拟空间中先进行一次手术预演，这样能够大大提高手术的成功率，让更多的患者得以痊愈。

6）建筑

虚拟现实技术在建筑领域的应用与上述几个领域有所不同：一是建筑物（包括园林景观）的面很广，二是建筑各个面的材质非常复杂，这也是虚拟技术较晚用于建筑领域的主要原因之一。近年来，随着计算机硬件性能的提高，虚拟现实技术在建筑领域的应用得到推广。虚拟现实技术创建的建筑动画可以以一种新颖、独立的表现方式广泛应用在建筑的规划设计、建筑设计、装饰设计等阶段。

在规划设计中，通过建筑动画将规划区域展示在规划设计者、政府决策者、投资开发者和业主面前，让他们从不同的角度和方位去审视、欣赏，以便从更高的层面完善规划设计。

在建筑设计中，通过建筑动画，既可以观察建筑的外观是否达到业主的要求，还可以看到拟建建筑和周围环境是否和谐相容，拟建建筑是和同周围原有的建筑是否协调，以免造成建成后，破坏了所在区域的原有风格和合理布局。

在装饰设计中，设计师通过建筑动画，将设计方案呈现给客户，让业主能从整体、从细节去观看，能更充分地和设计师交流，表达他们的意图，并可以多方案切换，更好地满足业主的要求。同时，在设计初期，设计师可以将自己的想法通过虚拟现实技术模拟出来，可以在虚拟环境中预先看到室内的实际效果，这样既节省时间，又降低成本。

这样的仿真系统还可用于保护文物、重现古建筑。把珍贵的文物用虚拟现实技术展现出来供人参观，有利于保护真实的古文物。山东曲阜的孔子博物院把其中的大成殿制成模型，观众通过计算机便可浏览到大成殿几十根镂空雕刻的盘龙大石柱，还可以绕到大成殿后面游览。

利用虚拟现实技术建立起来的水库和江河湖泊仿真系统，可在水库建成之前，直观地看到蓄水后最先被淹没的村庄和农田，预测哪些文物将被淹没，这样能主动及时地解决问题。如果建立了某地区防汛仿真系统，就可以模拟水位到达警戒线时哪些堤段会出现险情，万一发生决口将淹没哪些地区，这对制定应急预案有很大的帮助。

当然，虚拟现实技术的应用远不止上述这些，越来越多的应用将不断被开发出来。虚拟现实技术必将深入影响人们的日常工作与生活，甚至改变人们的观念、习惯与认知方式。

课 后 习 题

一、填空题

（1）虚拟现实的 3 个基本特征是_____、_____和_____。

（2）虚拟现实系统根据交互性和沉浸感以及用户参与形式的不同一般分为_____、_____、_____和_____ 4 种类型。

（3）虚拟现实元年指的是_____年。

（4）将虚拟技术应用于教育，可以节约成本、规避风险和_____。

二、简答题

（1）简述虚拟现实、增强现实、混合现实的概念及三者的区别。

（2）简述虚拟现实的发展历程。

（3）查阅资料，举出本书中未提到的虚拟现实技术的一个典型应用案例。

任务 2　虚拟现实关键技术和软硬件

任务导入

　　虚拟现实是指在计算机中构造出一个形象逼真的模型，人与该模型可以进行交互，并产生与真实世界中相同的反馈信息，使人们获得和真实世界中一样的感受。人在真实世界中是通过眼睛、耳朵、手指、鼻子等器官实现视觉、听觉、触觉、嗅觉等功能的。例如，人们通过视觉观看到色彩斑斓的外部环境，通过听觉感知丰富多彩的声音世界，通过触觉了解物体的形状和触感，通过嗅觉知道周围的气味。为了在虚拟世界中实现和在真实世界中一样的感觉，我们应该掌握哪些关键技术？利用哪些软硬件才会让虚拟场景成为现实呢？

学习目标

　　（1）了解虚拟现实系统的功能组成。
　　（2）了解虚拟现实的关键技术。
　　（3）了解虚拟现实硬件有哪些。
　　（4）了解虚拟现实软件有哪些。
　　（5）了解虚拟现实产业链的重点企业有哪些。

任务实施

　　1. 虚拟现实系统的功能组成

　　虚拟现实的构建目标是利用高性能、高度集成的计算机软硬件及各类先进的传感器，创造一个具有高度沉浸感和交互能力的虚拟环境。一般来说，一个完整的虚拟现实系统的功能组成包括以下内容：虚拟环境数据库及其相应的工具与管理软件，以高性能计算机为核心的虚拟环境生成器，以头盔式显示器为核心的视觉系统，以语音识别、声音合成与声音定位为核心的听觉系统，以方位跟踪器、数据手套和数据衣为主体的身体方位姿态跟踪设备，以及味觉、嗅觉、触觉与力反馈等功能子系统，如图 11-7 所示。

　　2. 虚拟现实的关键技术

　　虚拟现实技术体系包括建模、呈现、感知、交互及应用开发与内容制作等技术。其中，建模技术是指对环境对象和内容的机器语言抽象，包括几何建模、纹理映射建模、物理建

模、行为建模等；呈现技术是指对用户的视觉、听觉、触觉、嗅觉等感官的表现，包括三维显示（视差、光场、全息）、三维音效、图像渲染、虚拟现实无缝融合等；感知技术是指对环境和自身数据的采集和获取，包括眼部、头部、肢体动作的捕捉，以及位置定位等；交互技术是指用户与虚拟环境中对象的互操作，包括触觉与力反馈、语音识别、体感交互技术；应用开发与内容制作技术涉及建模软件工具、基础图形绘制函数库、三维图形引擎和可视化开发软件平台技术等。

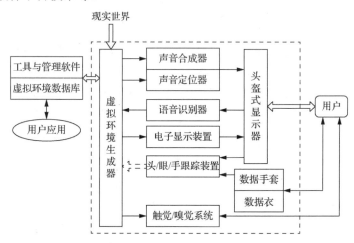

图 11-7　虚拟现实系统的功能组成

虚拟现实的关键技术包括动态环境建模技术、实时场景生成与优化技术、三维立体显示和虚拟声音技术、人机自然交互技术、系统集成技术等。

1）动态环境建模技术

虚拟环境的建立是虚拟现实系统的核心内容，目的是获取实际环境的三维数据，并根据应用的需要建立相应的虚拟环境模型。目前，虚拟环境建模的一类方法包括应用虚拟现实建模语言 VRML 完成建模，或直接使用 OpenGL 建立模型库或开发专门的建模工具。另一类方法是借助建模软件（如 Creator、3DS MAX、Maya、AutoCAD 等）通过假设、想象生成模型数据。在实际建模过程中，通常根据被模拟的现实世界对象复杂性及模型逼真期望程度，结合多种形式构建模型。

2）实时场景生成与优化技术

三维图形的生成技术已经较为成熟，那么关键就是"实时"生成。为保证实时，至少要保证图形的刷新频率不低于 15 帧/秒，最好高于 30 帧/秒。在不降低图形的质量和复杂程度的前提下，如何提高刷新频率将是重要的研究内容。图像的生成速度主要取决于图形处理的软硬件体系结构，特别是硬件加速器的图形处理能力，以及图形生成所采用的各种加速技术。因此，有必要应用一些三维场景实时生成与显示的优化策略，以减少图形画面的复杂度。

常用的几种场景生成与显示的优化策略和相关技术包括真实感光照计算、复杂纹理映射、可见性判定和消隐技术、细节层次模型、实例技术、实时碰撞检测、模型简化技术等。

3）三维立体显示和虚拟声音技术

三维立体显示技术是虚拟现实的关键技术之一，通过立体高清显示方式可以把图像的纵深、层次、位置全部展现，参与者可以更直观、更自然地了解图像的现实分布状况，从而更全面地了解图像或显示内容的信息，三维立体显示技术的引入可以使各种模拟器的仿真更加逼真。

听觉是人类仅次于视觉的传感通道，是增强虚拟现实的沉浸感和交互性的重要途径，虚拟声音技术涉及声音定位技术、语音识别和语音合成技术等。

4）人机自然交互技术

在计算机提供的虚拟空间中，用户可以使用眼镜、耳朵、皮肤、手势和语音等各种感觉方式与之发生交互，这就是虚拟环境下的人机自然交互技术。虚拟现实领域最常用的人机自然交互技术有手势识别、面部表情识别、眼动跟踪、触觉交互、嗅觉/味觉交互、体感交互等。

5）系统集成技术

由于虚拟现实系统中包括大量的感知信息和模型，因此系统集成技术起着至关重要的作用。系统集成技术包括信息的同步技术、模型的标定技术、数据转换技术、数据管理模型、识别与合成技术等。

3. 虚拟现实硬件

虚拟现实硬件大致可以分为以下 4 类：

（1）建模设备，如 3D 扫描仪。

（2）三维视觉显示设备，如头盔式显示器（HMD）、双目全方位显示器（BOOM）、3D 展示系统、大型投影系统（如 VR-Platform CAVE）、智能眼镜等。

（3）声音设备，如语音识别装置和三维声音产生器。

（4）交互设备，三维位置跟踪器、力矩球、操纵杆、数据手套、数据衣服、3D 输入设备、动作捕捉设备、眼动仪、力反馈设备以及其他交互设备。

4. 虚拟现实软件

虚拟现实软件大致可以分为以下 4 类：

（1）建模工具软件，如 Creator、3DS MAX 和 Maya 等，此外，还有分形地形建模工具软件 Mojoworld、飞行建模工具软件 Flight Sim 和 Helicopter Sim、人物仿真建模工具软件 DI-Guy Scenarios、三维地形建模工具软件 Terra Vista、3D 自然景观建模工具软件 Vista Pro、Bryce、World Builder 等。

（2）数据转换与优化软件，如地理数据转换与优化软件 FME Suite，3D 模型转换与优化软件 Polytrans 与 Deep Exploration，3D 模型减面软件 Geomagic Decimate、Action3D Reducer、Rational Reducer 等。

（3）Web 3D 技术软件，如 Eon Studio、Virtools、X3D-VRML、Cult3D 等。

（4）视景驱动类软件，如 Unity 3D、Vega、Vega Prime、Open GVS、Vtree、World Tool

Kit、3DVRI、World UP、3D linX、Open Inventor、OpenGL Performer、Site Builder 等。

5. 虚拟现实产业链的重点企业

虚拟现实产业链大致可分为硬件设计开发、软件设计开发、内容设计开发和资源运营平台服务等几种类别。在相关企业中，国外知名的企业有 HTC 公司、谷歌公司等，国外虚拟现实生态架构呈梯队分布，以元宇宙公司、谷歌公司、微软公司、索尼公司等为第一梯队，零部件、硬件、内容等各环节均有企业参与，行业开源信息多，产业链条清晰。国内也涌现出京东方科技集团股份有限公司、北京蚁视科技有限公司、北京暴风科技股份有限公司等知名企业。国内相关企业主要分布在设备制造环节，虚拟现实所用高清晰有机发光二极管（OLED）在技术上尚未完全攻克，不能稳定量产。在处理器芯片、高端传感器、软件与应用内容开发方面，我国相关企业数量少，短板明显。

课 后 习 题

（1）简述虚拟现实的关键技术。
（2）查阅资料，简述什么是实时碰撞检测。
（3）查阅资料，简述全息投影技术的原理。
（4）简述虚拟现实软硬件的分类。

任务 3　元　宇　宙

任务导入

　　元宇宙是在虚拟现实（VR）和增强现实（AR）技术基础上发展起来的新技术，可以虚实结合，方便用户工作、学习和生活。可以说，它是继移动互联网之后的下一代互联网。

学习目标

　　（1）了解元宇宙的时代背景。
　　（2）掌握元宇宙的概念。
　　（3）掌握元宇宙的特征。
　　（4）了解元宇宙技术及应用展望。

任务实施

　　Windows 和 Harmony OS 是常用的操作系统，无论是在计算机上还是在手机上，其显示界面都是平面，所有的应用程序都基于一个个窗口界面，用户可以在这些界面中单击和拖拽相关菜单或文件。应用 VR/AR 技术后，这些操作系统显示和交互的界面是三维的，呈现一个虚拟世界。在这个虚拟世界中，用户可以通过肢体的动作、语言、手势、眼神和应用程序发生交互。例如，韩国的一位妈妈在 MBC 电视台的帮助下，利用 VR 技术与逝去的女儿见面，其视频截图如图 11-8（a）所示。又如，在 2023 年的北京广播电视台春节联欢晚会上，虚拟邓丽君空降登场，与两位歌星同屏演唱《我只在乎你》，其视频截图如图 11-8（b）所示。再如，国内首位表演秦腔的虚拟人——第九届中国秦腔艺术节虚拟推荐官秦筱雅，伴随秦声秦韵翩然而至，其视频截图如图 11-8（c）所示。

　　显示和交互是一切应用程序的基础，当显示和交互发生重大变化时，上层的应用一定会发生巨大的变化。基于以上分析，可以认为元宇宙是 VR/AR 升级后的新技术与新应用。元宇宙将导致整个互联网行业的版图发生巨大的变化，从硬件到操作系统再到软件，所有的行业格局都将改变。类似于当年从计算机到智能手机的革命，这样的巨变将会再次发生。

（a）韩国的一位妈妈利用 VR 技术与逝去的女儿见面的视频截图

（b）虚拟邓丽君现身北京广播电视台春节联欢晚会的视频截图

（c）国内首位表演秦腔演唱的虚拟人秦筱雅的视频截图

图 11-8　VR 技术应用案例

1. 元宇宙的时代背景

2021 年是元宇宙元年，至今业界对元宇宙的热度持续升高。当年，号称元宇宙第一股的沙盒游戏 Roblox 盛装上市，其股票暴涨，市值达到了 476 亿美元；游戏公司 Epic 高调融资 10 亿美元；扎克伯格公开宣布在 5 年内要把 Facebook 公司转型成一家元宇宙公司；国内的字节跳动公司为搭上元宇宙列车，力压腾讯，以 90 多亿元的价格收购 VR 硬件厂商，重金收购了虚拟现实社交产品 Pixsoul，正式开始了元宇宙的布局。一时间从投资界到互联网行业，元宇宙概念受到极大的关注。那么元宇宙究竟是什么？为什么能吸引资本呢？

2. 元宇宙的概念

由于元宇宙是新技术，因此，目前关于元宇宙的概念没有标准答案。

扎克伯格认为，元宇宙就是一个融合了虚拟现实技术，用专属的硬件设备打造的一个具有超强沉浸感的社交平台。

腾讯公司认为，元宇宙是一个独立于现实世界的虚拟数字世界，用户进入这个世界后，可以用新的身份开启全新的自由生活。腾讯公司还为这个概念起了一个新的名词，即全真互联网。

阿里巴巴公司认为，元宇宙可以是商家自行搭建的 3D 购物空间，顾客进入天猫店铺后，有一种云逛街的全新购物感受。例如，作为元宇宙第一股的沙盒游戏 Roblox，它的目标就是建立一个让用户能够尽情创作内容，并且在虚拟社区中交流和成长的在线游戏。

还有人认为，元宇宙就是 VR、AR 智能眼镜中的整个互联网，是即将普及的下一代移动计算平台，元宇宙是互联网行业在这个新平台上的呈现，是下一代互联网。

从本质上说，元宇宙（Metaverse）是一个由现实世界映射或超越现实世界，可与现实世界交互的虚拟世界，具备新型社会体系的数字生活空间。这个概念最初起源于 1992 年的科幻小说《雪崩》，在该小说中人们用数字化身控制并相互竞争，以提高自己的地位。

元宇宙本身并不包含新的技术，而是集成了一大批现有技术。它是一个虚拟世界，更准确地说，它是未来的虚拟世界。目前，尽管元宇宙这个词只是一个商业符号，但它已经引发了科技界和投资界的广泛关注。

元宇宙的范畴非常广泛，它包含社交、电商、教育、游戏，甚至支付。今天人们熟悉的各种各样的互联网应用，在元宇宙中都会有自己的呈现方式。

回顾历史，我们可以更容易地看清楚计算平台的迁移对互联网应用的影响。在 20 世纪 90 年代，计算机是绝对主流的计算平台，后来智能手机逐步取代了计算机。现在，人们都相信 VR、AR 智能眼镜会成为下一代计算平台。

随着计算平台的迁移，互联网的应用也随之变化。以社交和电商为例，在计算机上，用户使用的社交即时通信软件有 QQ 和 MSN，在智能手机上国内用户几乎全都使用微信。在智能手机时代，电商也经历了非常重大的变化。电商上的本地生活能够提供用户的精准定位，可以给用户推荐几千米范围内的优质服务，这一点在计算机时代是无法做到的。因此，本地生活是基于新平台的、由新特性创造的新用户体验。到了 VR、AR 时代，很可能每个人都会有一个虚拟替身，通过这个虚拟替身，用户可以在虚拟世界面对面地交流。在这样的时代背景下，社交电商的许多应用很有可能都会发生改变。未来的元宇宙应用场景如图 11-9 所示。

3. 元宇宙的特征

目前，尽管元宇宙还没有一个公认的定义，但是元宇宙有一些公认的应该具备的特征。这些特征是之前的任何一个事物都不具备的，因为元宇宙是新技术。

图 11-9　未来的元宇宙应用场景

（1）元宇宙必须能够永远存在。只要文明之火还没熄灭，元宇宙就会一直存在，就像真实世界一样。元宇宙中的用户可以更替，玩法可以变化，规则也可以调整，但唯一不能变化的，就是这个世界本身必须永远存在，绝不能因为某个公司的破产而影响了元宇宙的存续。这一点就像互联网从美国科研单位中的内网——阿帕网升级为现在的国际互联网一样。

（2）元宇宙必须是去中心化的。就像无法判断哪个国家是地球的中心一样，在一个合格的元宇宙中可以存在热点区域，也可以存在贫穷和富裕现象，但是，一定不能只有一个中心。假如元宇宙世界规则的解释权只能属于某个公司或某个国家，那么这是不能容忍的事情，必须有一个接入元宇宙的开源共享协议，类似国际互联网的 HTTP 协议。

（3）元宇宙必须能与现实相连。元宇宙中的经济系统也必须和真实世界的经济系统直接挂钩，人们在元宇宙中的身份所产生的影响力必须是真实的，而非虚幻的。

正是因为元宇宙具有以上 3 个特征，元宇宙才被众多科技界大佬奉为进入下一代互联网的"门票"。

4. 元宇宙技术及应用展望

在小说或电影中，人们把一个可以看到虚拟现实的头盔式显示器或智能眼镜套在自己头上，就可进入虚拟世界。在人们摘下头盔式显示器后，他们就从虚拟世界中离开，回到真实世界。未来，谁能把这些可穿戴设备做得更轻巧，谁就占必然的优势。到时，人们要么把智能眼镜做得比智能手机更轻巧，淘汰智能手机，要么接受虚拟现实，接受与手机蓝牙耳机、智能手表、智能音箱这些设备共存的现实。

与现有的应用程序保持兼容是一件非常重要的事情，在不戴智能眼镜的时候，用户依然可以使用智能手机操作元宇宙，这与现在的智能手机体验没有什么不同。但是当用户戴上智能眼镜后，那些无法虚拟化的应用程序就可以自动显示成一个浮空状态且半透明的程序界面，用户可以用手势或眼神操控这些程序。

一部分支持语音操作的应用程序可以被改造成虚拟场景中的助手，通过语音对话的方式实现互动。那些读书类的程序可以展现为一本真正的书，用户可以像翻看纸质书籍那样

去看电子书。视频软件可以显示为一个电视机的模样，用户可以像操作电视机那样操作它。

那些支持虚拟现实的应用程序在被运行之后可能表现为一个虚拟世界与真实世界的过渡"门"，只要用户走进该"门"就可以抵达另一个全新的世界。

在元宇宙中，人们熟悉的软件操控方法会被彻底打破，以前的单击滑屏等操作都会被新的操控技术取代。眼球跟踪和手势识别是非常有前景的两类技术，对于简单的操作，只用一个眼神就能搞定；对复杂的操控，只需要配合手势或用双手共同完成。

元宇宙的底层协议是开放的，甚至是开源的，就好像现在的 HTTP 协议和 TCP/IP 协议一样，应用开发商可以利用元宇宙提供的接口，开发出自己想要的任何应用程序。每个应用程序都可以是"语言宇宙"连接的一个独立的小世界，应用程序可以通过虚拟界面启动，也可以通过手势启动，甚至可以通过喊一声它的名称启动；可以通过扔出一套音响道具启动一个音乐播放器，也可以通过用刀砍碎音箱的办法关闭音乐播放器。

大部分人都认为，元宇宙中必须有一个能够把虚拟货币换成钱的经济系统，就像游戏里的金币或腾讯的 QQ 币一样，这显然是把元宇宙看成游戏的旧观念。元宇宙不需要一套独立的经济系统，人们可以在元宇宙中继续使用微信支付和支付宝，或者直接使用数字人民币或比特币。元宇宙与现实是高度连接的，没有理由强调元宇宙应该怎样。

如何把不同的小元宇宙打通？每个安装在元宇宙中的小世界，当然会为元宇宙本身预留接口，而元宇宙恰好就是那个能够帮助小世界互相沟通的桥梁。将来无论是虚拟购物、虚拟社区还是虚拟游戏，所有的应用程序都会被真正的元宇宙整合，成为元宇宙中的一个小世界。

那最终谁来整合这一切呢？各种行业协会出面协调各种厂商一起参与元宇宙底层协议的开发，就像现在 5G 协议的开发一样，需要无数个公司、无数项专利构成协议。元宇宙公司、苹果公司、谷歌公司和华为公司等都是市场有利的争夺者，也是标准的制定者之一，但一定不会被其中的某一家公司垄断。因此，从本质上来说，元宇宙是一场现实世界与数字世界的接口革命，沉浸式体验将会最终战胜抽象的程序界面，现实世界也将通过沉浸式体验与数字世界实现无缝连接。

元宇宙是新技术，需要读者逐步体会，不断更新认知。

课后习题

（1）简述元宇宙的概念及应用。
（2）借助网络简单区分 VR、AR 与元宇宙。

项 目 小 结

本项目主要介绍了虚拟现实的概念、基本特征、分类、发展历程、应用、关键技术和软硬件等。此外，还介绍了元宇宙，要求读者了解本项目介绍的内容。

我国虚拟现实技术的发展概况

　　我国的虚拟现实（VR）技术可以追溯到 20 世纪 90 年代，经过 30 多年的发展，我国的虚拟现实技术得到长足的进步，并在多个领域推广应用。

　　在硬件方面，我国的虚拟现实设备制造商已经取得了重大突破，推出了一系列具有竞争力的产品。例如，华为、小米、OPPO 等公司推出的 VR 智能眼镜和头盔式显示器已经在市场上获得了良好的口碑。此外，我国还自主研发了多款高性能的虚拟现实渲染专用芯片，推动虚拟现实设备性能的提升。

　　在软件方面，我国的虚拟现实技术也取得了重要进展。通过自主研发，我国已经具备了包括 3D 建模、虚拟场景渲染、实时交互等在内的完整技术体系。同时，在人工智能技术的支持下，虚拟现实技术还能够实现智能化语音交互、动作识别等功能，提升了用户体验感。

　　在应用方面，我国的虚拟现实技术已经在游戏、影视、教育、医疗、文化传承与保护等多个领域得到了广泛应用。例如，通过虚拟现实技术，可以生动地复原古建筑、文物和历史事件，再现历史场景，让人们身临其境地感受中华优秀传统文化的魅力，让人们更加深入地了解传统文化的内涵和价值。以虚拟现实技术的应用传承文化遗产，需要广大科技工作者和文化遗产保护者共同担当起社会责任。

　　希望广大学子坚持文化自信，不断提升自己的文化素养，加入中华传统文化的保护者与传承人的队伍中。

自　测　题

　　建议对游戏感兴趣的读者学习并利用 Unity 软件开发出一款简单的 3D 小游戏。

项目 12　区块链概述

项目导读

　　本项目先介绍区块链的起源、发展阶段，在读者初步了解区块链的情况下，再介绍区块链的定义、应用领域及发展前景。

知识框架

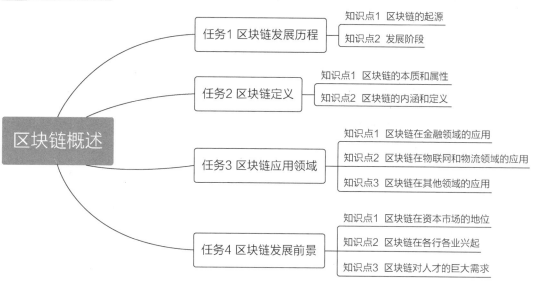

区块链概述
- 任务1 区块链发展历程
  - 知识点1 区块链的起源
  - 知识点2 发展阶段
- 任务2 区块链定义
  - 知识点1 区块链的本质和属性
  - 知识点2 区块链的内涵和定义
- 任务3 区块链应用领域
  - 知识点1 区块链在金融领域的应用
  - 知识点2 区块链在物联网和物流领域的应用
  - 知识点3 区块链在其他领域的应用
- 任务4 区块链发展前景
  - 知识点1 区块链在资本市场的地位
  - 知识点2 区块链在各行各业兴起
  - 知识点3 区块链对人才的巨大需求

任务1　区块链发展历程

区块链起源于比特币。2008年11月1日，一位自称中本聪（Satoshi Nakamoto）的人发表了《比特币：一种点对点的电子现金系统》一文（也被称为《比特币白皮书》），阐述了基于点对点（P2P）网络技术、加密技术、时间戳技术、区块链技术的电子现金系统的构架理念，这标志着比特币的诞生。2009年1月3日，第一个序号为0的创世区块诞生。2009年1月9日，出现序号为1的区块，并与序号为0的创世区块相连接形成了链，标志着区块链的诞生。

学习目标

（1）认识区块链的起源。
（2）了解区块链的发展历程。
（3）总结区块链相关知识。

任务实施

1. 区块链的起源

1）从大众角度看区块链起源

区块链起源于那个自称为中本聪的人创建的比特币，比特币依靠区块链这项技术运行，没有主导机构，做到了去中心化，使大众开始研究比特币的运行原理，进而发明了区块链。从大众角度看，区块链起源于中本聪创建的比特币。

2）从客观角度看区块链起源

在比特币之前区块链理念已存在，只是还没有被大众广泛认知而已。其实区块链的兴起离不开互联网，也离不开计算机。可以说，区块链的发展离不开产生它的土壤——互联网技术、云计算和大数据技术。区块链是计算机科学与互联网技术的延伸。

近几年，比特币的设计已成为其他应用程序的灵感来源。区块链技术已成为比特币的核心组成部分。作为所有交易的公共账簿，利用点对点网络和分布式时间戳服务器，区块链能够进行自主管理，成为第一个解决重复消费问题的数字货币。

如今，比特币仍是数字货币的绝对主流，数字货币呈现百花齐放的状态，常见的数字货币有Bitcoin（比特币）、Litecoin（莱特币）、Dogecoin（狗狗币）、Dashcoin（达世币）。除了作为货币使用，还有各种衍生应用，如以太坊（Ethereum）、Asch（一个基于侧链技术

的去中心化应用平台）等底层应用平台，以及 NXT 基于全新 Java 代码的加密货币及金融生态系统、SIA（去中心化云存储平台）、比特股、MaidSafe（一种去中心化平台）、Ripple（世界上第一个开放的支付网络）等行业应用。

2. 发展阶段

区块链是由一系列技术实现的全新去中心化经济组织模式，2009 年诞生于比特币系统的构建，2017 年成为全球经济热点，但区块链的成功应用案例寥寥无几，这个新兴产业远未成熟。为方便理解区块链的历史与发展趋势，可将其发展划分为 6 个阶段。

（1）技术实验阶段（2007—2009 年）。化名中本聪的比特币创始人从 2007 年开始探索用一系列技术创造一种新的货币——比特币，2008 年 10 月 31 日，中本聪发布《比特币白皮书》，2009 年 1 月 3 日，比特币系统开始运行。支撑比特币系统的主要技术包括哈希函数、分布式账本、点对点传输技术、非对称加密算法、工作量证明，这些技术构成了区块链的最初版本。从 2007 年到 2009 年底，比特币都处在一个极少数人参与的技术实验阶段，相关商业活动还未真正开始。

（2）小众极客阶段（2010—2012 年）。2010 年 2 月 6 日，诞生了第一个比特币交易所。同年 5 月 22 日有人用 10000 个比特币购买了 2 个比萨。2010 年 7 月 17 日，著名比特币交易所 Mt.gox 成立，这标志着比特币真正进入了市场。尽管如此，能够了解比特币，从而进入市场中参与比特币买卖的人主要是狂热于互联网技术的极客。他们在 Bitcointalk.org 论坛上讨论比特币技术，在自己的计算机上挖矿获得比特币，在 Mt.gox 上买卖比特币。

（3）市场酝酿阶段（2013—2015 年）。2013 年初，比特币价格为 13 美元。同年 3 月 18 日，金融危机中的塞浦路斯政府关闭银行和股市，推动比特币价格飙升；4 月比特币最高价格达到 266 美元；8 月 20 日，德国政府确认比特币的货币地位；10 月 14 日，中国百度宣布开通比特币支付；11 月，美国参议院听证会明确了比特币的合法性；11 月 19 日，比特币价格达到 1242 美元。然而，此时区块链进入主流经济的基础仍不具备。Mt.Gox 倒闭等事件触发大熊市，比特币价格持续下跌，2015 年初一度降至 200 美元以下。无论如何，在这个阶段，大众开始了解比特币和区块链，尽管还不能普遍认同。

（4）进入主流阶段（2016—2018 年）。以 2016 年 6 月 23 日的英国脱欧、2016 年 9 月的朝鲜第五次核试验、2016 年 11 月 9 日的特朗普当选总统等事件为标志，世界主流经济不确定性增强，因具有避险功能而与主流经济呈现替代关系的比特币交易开始复苏，市场需求增大，交易规模快速扩张，开启了 2016—2017 比特币牛市。韩国、日本、拉美等国家和地区的比特币交易快速升温，比特币价格从 2016 年初的 400 美元飙升至 2017 年底的 20000 美元，涨了 50 倍。比特币的造富效应和比特币网络拥堵造成交易溢出，从而带动了其他虚拟货币及各种区块链应用的大爆发，出现众多百倍、千倍甚至万倍增值的区块链资产，引发全球疯狂追捧。使比特币和区块链彻底进入全球视野。2017 年 12 月 19 日，美国芝加哥商品交易所正式开启比特币期货交易，这一事件标志着比特币正式进入主流投资品行列。

（5）产业落地阶段（2019—2021 年）。经历了市场波动之后，2018 年，大众对虚拟货

币和区块链从市场、监管、认知等方面进行调整，回归理性。在因造富效应和区块链理想而造就的众多区块链项目中，大部分会随着市场的降温而没落，小部分会坚持下来继续推进区块链产业落地。2019 年，这些项目初步落地，但仍需要几年时间接受市场的检验，这就是一个快速试错过程，企业产品的更迭和产业内企业的更迭都会比较快。2021 年，在区块链适宜的主要行业有一些企业稳步发展起来，加密货币也得到较广泛应用。

（6）产业成熟阶段（2022—2025 年）。各种区块链项目落地见效之后，会进入激烈而快速的市场竞争和产业整合阶段，几年内形成一些行业龙头；完成市场划分，区块链产业格局基本形成，相关法律法规基本健全；区块链对社会经济各领域的推动作用快速显现，加密货币将成为主流货币，经济理论会出现重大调整；社会政治文化也将发生相应变化，国际政治经济关系出现重大调整。总之，区块链将在全球范围内对人们的生活产生广泛而深刻的影响。

区块链的这 6 个发展阶段还可以简化，前两个阶段可以看作技术试验阶段，中间两个阶段是主流认知阶段，后两个阶段是产业实现阶段。当前仍处在社会对区块链的认知广度已经足够，但认知深度尚不足的时期。需要深入推进区块链知识的研究和普及，为产业发展成熟奠定基础。无论如何，区块链对全球经济的巨大价值已经被充分认识，它对全球社会政治生态改善的价值也在逐步显现，这是一个值得各国大力投入、抢占先机的社会经济新动力。

课 后 习 题

一、单选题

（1）创世区块是由谁创造的？（　　　）

　　A. 中本聪　　　　　　B. 马斯克　　　　　　C. Vitalik Buterin　　　　D. Bytemaster

（2）中本聪是哪国人？（　　　）

　　A. 中国人　　　　　　B. 美国人　　　　　　C. 日本人　　　　　　D. 不确定

（3）（　　　）年，第一个序号为 0 的"创世区块"出现，标志着区块链的诞生。

　　A. 2008　　　　　　B. 2009　　　　　　C. 2019　　　　　　D. 2010

（4）区块链的发展历程，大致经历了几个阶段（　　　）。

　　A. 4 个　　　　　　B. 5 个　　　　　　C. 6 个　　　　　　D. 7 个

（5）（　　　）就是区块链最早的一个应用，也就是最成功的一个大规模应用。

　　A. 以太坊　　　　　　B. 联盟链　　　　　　C. Rscoin　　　　　　D. 比特币

二、简答题

（1）区块链的发展离不开哪些技术？

（2）区块链的发展经历了哪几个阶段？

任务 2　区块链定义

 **任务导入**

什么是区块链呢？从科技层面看，区块链涉及数学、密码学、互联网和计算机编程等很多科学技术。从应用视角看，区块链是一个分布式的共享账本和数据库，具有去中心化、不可篡改、全程留痕、可以追溯、集体维护、公开透明等特点。

学习目标

（1）认识区块链的本质和属性。
（2）总结区块链的内涵和定义。

任务实施

区块链丰富的应用场景基本上都基于区块链能够解决信息不对称问题，实现多个主体之间的协作信任与一致行动。这些特点保证了区块链的"可信"与"透明"，为区块链创造信任奠定了基础。

1. 区块链的本质和属性

请读者先学习比特币和以太坊这两个主要系统，讨论区块链的价值表示和价值转移这两个基础功能，探讨数字资产、通证与通证经济系统之后，再学习区块链的特征与用途，尝试回答"区块链有什么用"这个问题。答案就藏在区块链的 4 个基础属性（见图 12-1）中。

1）不可篡改

区块链最容易被理解的特性是不可篡改的特性。不可篡改是基于"区块+链"（block+chain）的独特账本而形成的：保存交易记录的区块按照时间顺序持续加到链的尾部，若要修改一个区块中的数据，则需要重新生成该区块之后的所有区块。共识机制的重要作用之一是使修改大量区块的成本变高，从而使修改区块几乎不可能实现。

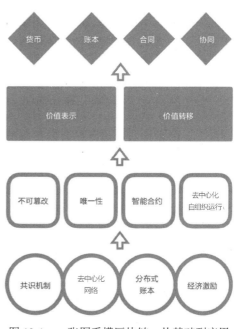

图 12-1　一张图看懂区块链：从基础到应用

以采用工作量证明的区块链网络（如比特币、以太坊）为例，只有拥有51%的算力才可能重新生成所有区块，达到修改数据的目的。但是，破坏数据并不符合拥有大算力的玩家的自身利益，这种实用设计增强了区块链数据的可靠性。

通常，在区块链账本中的交易数据可以视为不能被"修改"，它只能通过被认可的新交易"修正"，修正的过程会留下痕迹。这也是区块链不可篡改的原因，篡改是指用作伪的手段改动或曲解。

目前，常用的文件和关系型数据中，除非采用特别的设计，否则系统本身是不记录修改痕迹的。区块链账本采用的是与文件、数据库不同的设计，它借鉴现实中的账本设计——留存记录痕迹。因此，人们不能不留痕迹地"修改"账本，而只能"修正"账本（见图12-2）。

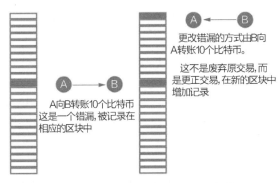

图 12-2 区块链账本"不能修改、只能修正"

2）表示价值所需要的唯一性

不管是可互换通证（ERC 20协议），还是不可互换通证（ERC 721协议），或者是其他提议中的通证标准，以太坊的通证都展示了区块链的一个重要特征：表示价值所需要的唯一性。

在数字世界中，最基本单元是比特，比特的根本特性是可复制。但是价值不能被复制，价值必须是唯一的，这正是矛盾所在。在数字世界中，很难让一个文件是唯一的，至少很难普遍地做到这一点。这是现在需要中心化的账本记录价值的原因。

在数字世界中，人们无法像拥有现金那样手上拿着钞票，需要银行等信用中介参与记录银行账本。

可以说，比特币系统带来的区块链技术第一次把"唯一性"带入数字世界，而以太坊的通证将数字世界中的价值表示功能普及开来。

对于通证经济的探讨和展望正是基于以下事实：在数字世界中，在网络基础层次上区块链提供了去中心化的价值表示和价值转移的方式。在以以太坊为代表的区块链2.0时代，出现了更通用的价值代表物——通证，表明从区块链1.0的数字现金时期进入数字资产时期。

3）智能合约

从比特币到以太坊，区块链最大的变化是"智能合约"（见图12-3）。比特币系统是专为一种数字货币而设计的，它的未花费的交易输出（UTXO）和脚本也可以处理一些复杂的交易，但有很大的局限性。维塔利克·布特林创建了以太坊区块链，他的核心目标都是

围绕智能合约而展开的：一个具有图灵完备性的脚本语言、一个运行智能合约的虚拟机（EVM），以及后续发展出来的一系列标准化的、用于不同类型通证的智能合约等。

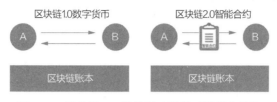

图 12-3　区块链 2.0 的关键改进是"智能合约"

智能合约的出现使基于区块链的两个人不仅可以进行简单的价值转移，还可以设定复杂的规则，由智能合约自动、自治地执行，这极大地扩展了区块链的应用可能性。当前把焦点放在通证的创新性应用上的项目，在软件层面都是通过编写智能合约实现的。利用智能合约，人们可以进行复杂的数字资产交易。

智能合约的软件性质相当于一种特殊的服务端后台程序（Daemon）。在《以太坊白皮书》中，维塔利克·布特林写道："（合约）应被看成存在于以太坊执行环境中的"自治代理"（Autonomous Agents），它拥有自己的以太坊账户，当收到交易信息时，它被交易信息触发，然后自动执行一段代码。"智能合约的执行流程如图 12-4 所示。

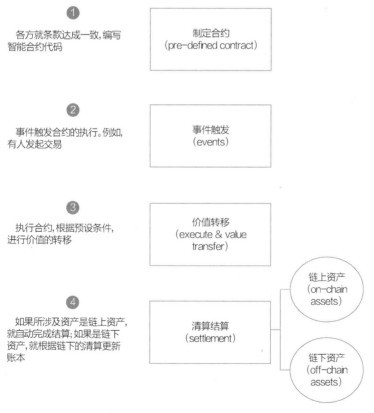

图 12-4　智能合约的执行流程

基于智能合约的两种区块链的定义如图 12-5 所示。

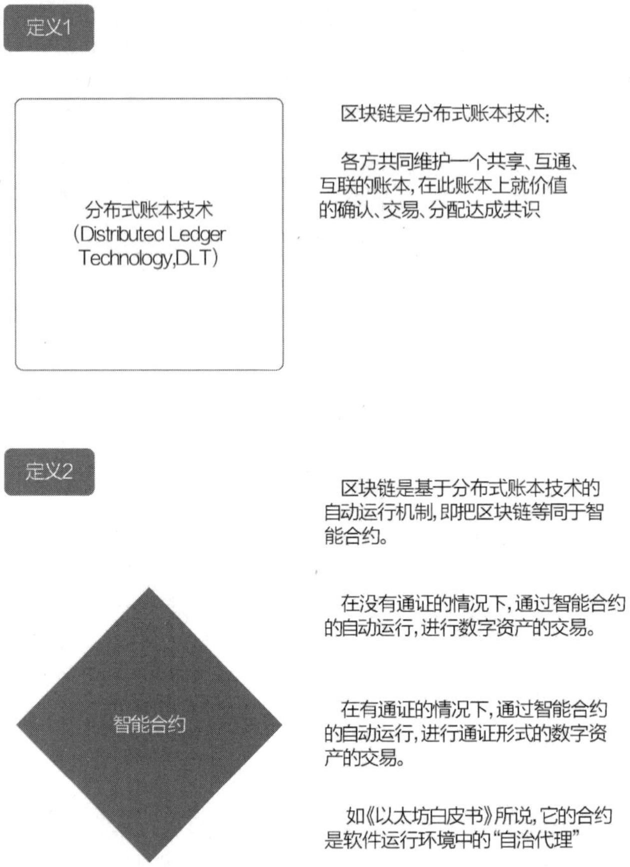

定义1

分布式账本技术
(Distributed Ledger
Technology,DLT)

区块链是分布式账本技术：

　　各方共同维护一个共享、互通、互联的账本，在此账本上就价值的确认、交易、分配达成共识

定义2

智能合约

区块链是基于分布式账本技术的自动运行机制，即把区块链等同于智能合约。

在没有通证的情况下，通过智能合约的自动运行，进行数字资产的交易。

在有通证的情况下，通过智能合约的自动运行，进行通证形式的数字资产的交易。

如《以太坊白皮书》所说，它的合约是软件运行环境中的"自治代理"

图 12-5　基于智能合约的两种区块链的定义

4）去中心化自组织运行

区块链的第四大属性是去中心化自组织运行。到目前为止，主要区块链项目的自组织和运行都与这个属性紧密相关。很多人期待区块链项目成为自动运行的一个社区或生态。

匿名的中本聪在完成比特币的开发和初期的迭代开发之后，就完全从互联网上消失了。但他创造的比特币系统持续运行：无论是比特币这个加密数字货币、比特币协议（它的发行与交易机制）、比特币的分布式账本及去中心化网络，还是比特币矿工和比特币开发，都在去中心化、自组织地运转着。

到目前为止，以太坊项目仍在维塔利克·布特林的"领导"之下，但是他以领导一个开源组织的方式引领着这个项目，就像林纳斯领导开源的 Linux 操作系统和 Linux 基金会一样。维塔利克·布特林可能是对去中心化自组织运行机制思考得最多的人之一，他一直强调和采用基于区块链的治理方式。2016 年以太坊的硬分叉是他提议的，但需要通过链上的社区投票，获得通过后才可施行。在以太坊社区中，包括 ERC 20 等在内的众多标准是社区开发者自发形成的。

在《去中心化应用》一书中，作者西拉杰·拉瓦尔（Siraj Raval）还从另一个角度进行区分，他的这个区分有助于我们更好地理解未来的应用与组织。他从两个维度看现有的互联网技术产品：一个维度是在组织上去中心化，另一个维度是在逻辑上去中心化。他认为，"比特币在组织上去中心化，在逻辑上集中。"而电子邮件系统在组织上和逻辑上都是去中心化的（见图 12-6）。

图 12-6　比特币在组织上去中心化，在逻辑上集中

在设想未来的组织时，我们心中的理想原型常是比特币的组织：完全去中心化的自组织。但在实践过程中，为了效率和能够推进，我们又会略微往中心化组织靠拢，最终找到一个合适的平衡点。

现在，在通过以太坊的智能合约创建和发放通证，并且以社区生态方式运行的区块链项目中，不少项目的理想状态类似于比特币的组织，但实际情况是介于完全去中心化组织和传统应用之间。

在讨论区块链的第 4 个属性时，其实我们已经从代码的世界往外走，涉及由人组成的组织。现在，各种讨论和实际探索也揭示了区块链在技术之外的意义：它可能作为基础设施支持人类的生产组织和协同的变革。这正是区块链与互联网完全同构的又一例证，互联网也不仅仅是一项技术，它改变了人们的组织和协同。

总的来说，以太坊把区块链带入了新的阶段。在讨论以太坊时，如果要用两个关键词总结，那么这两个关键词分别是智能合约和通证；如果只能选择一个，那就是"通证"。作为价值表示物的通证，它的角色类似于 HTML（超文本标记语言）。在有了 HTML 之后，建立什么样的网站完全取决于我们的想象力。

现在，很多人迫不及待地试图进入区块链 3.0 时代，即不再仅把区块链用于数字资产的交易，而是希望将区块链应用于各个产业和领域中，从互联网赋能走向区块链赋能，从"互联网+"走向"区块链+"。信息互联网最早的功能是传输文本信息，但它真正的应用是后来出现的电商、社交、游戏，以及线下结合的 O2O（线上到线下）应用。未来，真正展现区块链价值的也将是各种现在未知的应用。

2. 区块链的内涵和定义

了解区块链本质和属性后，不难看出，区块链就是分布式数据存储、点对点传输、共识机制、加密算法等计算机技术的新型应用模式。区块链（Blockchain）本质上是一个去中心化的数据库，同时作为比特币的底层技术，它还是一串使用密码学方法相关联产生的

数据块，每个数据块中包含一批次比特币网络交易的信息，用于验证其信息的有效性（防伪）和生成下一个区块。

《比特币白皮书》英文版其实未出现"Blockchain"一词，而是使用的"chain of blocks"。在最早的《比特币白皮书》中文版中，将 chain of blocks 翻译成"区块链"。

课 后 习 题

一、单选题

（1）区块链技术解决的核心问题是（　　）。

  A. 数据的来龙去脉透明化   B. 组织数据

  C. 加密   D. 算法

（2）区块链是（　　）存储数据？

  A. 直接   B. 间接   C. 分布式   D. 不确定

（3）从"互联网+"走向"区块链+"需要解决（　　）核心问题。

  A. 智能合约   B. 智能合约与通证

  C. 通证   D. 社交

（4）区块链 1.0 时代的特点是（　　）。

  A. 通证   B. 数字资产   C. 数字现金   D. 智能合约

（5）区块链技术进入国人的视野，成为社会关注的焦点，是因为（　　）。

  A. 十八大，习近平总书记的讲话 B. 区块链技术的突破

  C. 美国国会认可"区块链技术" D. 比特币

二、简答题

（1）区块链技术解决哪些问题？

（2）我国对区块链技术的重视程度如何？

任务 3　区块链应用领域

 任务导入

　　近年来，区块链技术的研究与应用呈现出爆发式增长态势，区块链的热潮涌入各行各业，成为当下最受瞩目的信息技术之一。区块链技术被应用在哪些领域呢？

学习目标

　　（1）掌握区块链技术的应用领域。
　　（2）理解区块链在各个领域应用的关键技术。

任务实施

　　1. 区块链在金融领域的应用

　　区块链在国际汇兑、信用证、股权登记和证券交易所等金融领域有着潜在的巨大应用价值。将区块链技术应用在金融领域中，能够省去第三方中介，实现点对点的直接对接，在大大降低成本的同时，快速完成交易支付。

　　例如，信用卡品牌 VISA 国际组织推出基于区块链技术的 VISA B2B Connect，它能为机构提供一种费用低、快速和安全的跨境支付方式，处理全球范围的企业对企业的交易。传统的跨境支付需要等 3～5 天，并为此支付 1%～3%的交易费用。VISA 还联合 Coinbase（美国加密货币交易所）推出了首张比特币借记卡，花旗银行则在区块链上测试运行加密货币"花旗币"。

　　2. 区块链在物联网和物流领域的应用

　　区块链在物联网和物流领域也可以天然结合。通过区块链可以降低物流成本，追溯物品的生产和运送过程，并且提高供应链管理的效率。该领域被认为是区块链一个很有前景的应用方向。

　　区块链通过节点连接的散状网络分层结构，能够在整个网络中实现信息的全面传输，并能够检验信息的准确程度。这种特性在一定程度上提高了物联网交易的便利性和智能化。"区块链+大数据"的解决方案就是利用了大数据的自动筛选过滤模式，在区块链中建立信用资源，可双重提高交易的安全性，并且提高物联网交易的便利程度，为智能物流模式的应用节约时间成本。区块链节点具有十分自由的进出能力，可独立地参与或离开区块链体

系，不对整个区块链体系有任何干扰。"区块链+大数据"解决方案就利用了大数据的整合能力，便于在智能物流的分散用户之间实现用户拓展。

3. 区块链在其他领域的应用

1）公共服务领域

区块链在公共管理、能源、交通等领域的应用，解决了很多民生问题，但是这些领域的中心化特质问题很难解决，可以用区块链改造。区块链提供的去中心化的完全分布式域名系统（DNS）服务，通过网络中的各个节点之间的点对点数据传输服务，就能实现域名的查询和解析，可以确保某个重要的操作系统和数据没有被篡改，还可以监控软件的状态和完整性，并确保使用物联网技术的所有系统传输的数据没有被篡改。

2）数字版权领域

通过区块链技术，可以对作品进行鉴权，证明文字、视频、音频等作品的存在，保证权属的真实、唯一性。作品在区块链上被确权后，后续交易都会进行实时记录，实现数字版权生存周期的管理，也可作为司法取证中的技术性保障。例如，美国纽约一家创业公司Mine Labs开发了一个基于区块链的元数据协议，这个名为Mediachain的系统利用星际文件系统（IPFS），实现数字版权的加密保护，将在整个区块链传播途径中保留它的痕迹。

3）保险领域

在保险理赔方面，保险机构负责资金归集、投资、理赔，往往管理和运营成本较高。通过区块链智能合约的应用，既无须投保人申请，也无须保险公司批准，只要触发理赔条件，就能实现保单自动理赔。一个典型的应用案例就是LenderBot，它在2016年由区块链企业Stratumn、德勤与支付服务商Lemonway合作推出，它允许人们通过Facebook Messenger的聊天功能，注册定制化的微保险产品，为个人之间交换的高价值物品进行投保，而区块链在贷款合同中代替了第三方角色。

4）公益领域

区块链上存储的数据具有高可靠性且不可篡改，天然适用于社会公益领域。公益流程中的相关信息，如捐赠项目、募集明细、资金流向、受助人反馈等，均可以存放于区块链上，并且有条件地进行透明公开公示，方便社会监督。

课 后 习 题

一、单选题

（1）区块链技术在金融领域解决了（　　）问题。

    A. 点对点对接　　　B. 运行速度　　　　C. 业务范围　　　　D. 借记卡

（2）区块链技术在物联网物流领域解决了（　　）问题。

    A. 管理　　　　　　B. 时间　　　　　　C. 追溯　　　　　　D. 生产

（3）区块链技术在数字版权领域解决了（　　）问题。

　　A. 侵权　　　　　B. 交易记录　　　　C. 协议　　　　　D. 交易

（4）区块链技术在保险领域解决了（　　）问题。

　　A. 申诉　　　　　B. 投资　　　　　　C. 自动理赔　　　D. 投保

（5）区块链技术在公益领域解决了（　　）问题。

　　A. 社会监督　　　B. 存储　　　　　　C. 相关信息　　　D. 资金流

二、简答题

（1）区块链技术的应用领域有哪些？

（2）简述区块链技术在公共服务领域的应用。

任务4　区块链发展前景

 **任务导入**

学习和掌握区块链技术有什么意义？它的发展趋势到底如何？

 **学习目标**

（1）了解区块链技术的重要性。
（2）认清区块链发展的总体趋势。

任务实施

1. 区块链在资本市场的地位

近年来，区块链受资本追逐，这个可以改变人类生活方式的研究课题，在 21 世纪具有划时代的历史意义。从互联网的发展历程可知，任何一个新兴的朝阳产业都会成为资本追逐的对象。资本当初是如何逐鹿互联网，如今也会上演同样的群雄逐鹿区块链。

2. 区块链在各行各业兴起

公认的区块链最大应用场景就是金融行业，因为伴随着区块链诞生的比特币的最大属性就是金融属性。政务系统使用区块链技术能够解决很多繁杂和重复的业务，使信息顺畅流通，节省更多的成本和时间。因此在这两个行业先行试点，符合区块链的特点和需求。

随着区块链技术的不断成熟，除了这两个行业，区块链将会快速渗透各行各业，解决行业痛点。例如，应用于游戏行业，可以解决游戏资产的产权问题；应用于制造行业，可以解决假品牌供应的问题；应用于医疗行业，可以解决医疗档案互通问题；应用于金融行业，可以解决快速跨境支付问题。

3. 区块链对人才的巨大需求

据调查，目前 90%以上的大学生对区块链知识的积累严重不足，99%的高等院校也没有开展相关专业知识教育。但区块链行业发展的速度已经进入加速期，这意味着区块链行业发展和人才供应产生了巨大的不对称性，巨大的人才缺口现象势必出现。

课 后 习 题

（1）试列举区块链技术在政务行业的应用情况。

（2）简述区块链技术的发展趋势。

项 目 小 结

本项目以区块链的历史起源、发展历程、应用现状及发展前景作为先导内容，使读者从思想和理念上认识区块链技术的概念和使用范畴。

区块链技术在当前的关注度正在逐步提高，从创业者到投资人，从专业技术人员到一些普通用户，都在关注区块链技术。区块链技术涉及的知识领域相对广泛，它是集计算机科学、物联网技术、大数据技术、软硬件开发、社会学等学科于一身的综合性技术，对绝大多数读者来说，要透彻理解该技术有点难度。因此，本项目内容坚持探讨的原则，在总结区块链发展溯源和发展历程的前提下，使读者对区块链有一个全面的了解，为学习下一个项目内容打下理论基础。

 课程思政

区块链技术的发展对创新人才培养的潜在需求

在数字经济的大背景下，人工智能、大数据及区块链等新一代信息技术逐渐成为推动我国实体经济变革，强化核心竞争力以及驱动国家发展的重要手段，而区块链技术又是其中最具颠覆性的一项技术。

目前，区块链技术新型应用更加深入各行各业，引起广泛关注。我国多次提出，在新形势和新发展机遇下，要将"区块链+"积极推广到行业发展需求中，必须先实现"区块链+教育"的深度融合。但是在现阶段的创新人才培养过程中，仍然存在一些问题。例如，联合培养方式下的联动性不足，教学参评方人员不足，企业人才需求点找不准，学生综合素养提升受限等，这些问题的本质在于"区块链+教育"的价值还没有完全发挥出来。因此，我们要积极探索区块链技术在创新人才培养中的应用，构建多方参与的人才培养课程结构，建立完善的教育评价体系，进而为社会培养出"软硬"实力兼具的复合型人才。

自 测 题

一、单选题

（1）2016 年，工信部发布（　　　）。

    A.《中国区块链技术和应用发展白皮书（2016）》

    B.《软件和信息技术服务也发展规划（2016—2020 年）》

    C.《国务院关于印发"十三五"国家信息化规划的通知》

    D.《2018 年中国区块链产业白皮书》

（2）习近平总书记指出"以区块链为代表的新一代信息技术加速突破应用"是在
（　　　）。

    A．2006 年 5 月　　　　　　　　B．2007 年 5 月

    C．2008 年 5 月　　　　　　　　D．2009 年 5 月

（3）关于区块链在数据共享方面的优势，下列描述正确的是（　　　）。

    A．去中心化　　　　　　　　　B．可自由篡改

    C．访问控制权　　　　　　　　D．不可篡改性

（4）（　　　）就是区块链最早的一个应用，也就是最成功的一个大规模应用。

    A．以太坊　　　　　　　　　　B．联盟链

    C．比特币　　　　　　　　　　D．RScoin

（5）（　　　）能够为金融行业与企业提供技术解决方案。

    A．以太坊　　　　　　　　　　B．联盟链

    C．比特币　　　　　　　　　　D．RScoin

二、填空题

（1）区块链起源于＿＿＿＿＿＿，＿＿＿＿＿于 2008 年 11 月 1 日发表了《比特币：一种点对点
的电子现金系统》一文，阐述了区块链构架理念。

（2）区块链是由一系列技术实现的全新＿＿＿＿＿＿＿＿＿经济组织模式，2009 年诞生于比特
币系统的构建，2017 年成为全球经济热点。

（3）区块链发展经历了＿＿＿＿＿＿＿＿、＿＿＿＿＿＿＿＿、市场酝酿阶段、＿＿＿＿＿＿＿＿、
产业落地阶段＿＿＿＿＿＿＿＿六个阶段。

（4）区块链最容易被理解的属性是＿＿＿＿＿＿＿＿。

（5）中华人民共和国国家互联网信息办公室于 2019 年 1 月 10 日发布＿＿＿＿＿＿＿＿，自
2019 年 2 月 15 日起施行。

三、简答题

（1）什么是区块链？

（2）简述区块链的属性和内涵。

（3）区块链的应用领域有哪些？

（4）学习和掌握区块链技术有什么意义？它的发展趋势到底如何？

（5）阐述区块链的社会价值和意义。

项目13　区块链技术（选修）

项目导读

　　区块链技术是信息技术领域的一个术语。从本质上看，它是一个共享数据库，存储于其中的数据或信息具有"不可伪造""全程留痕""可以追溯""公开透明""集体维护"等特征。基于这些特征，区块链技术奠定了坚实的"信任"基础，创造了可靠的"合作"机制，具有广阔的运用前景。本项目将从区块链技术角度，介绍区块链技术的结构、原理、类型、特征及核心技术。

知识框架

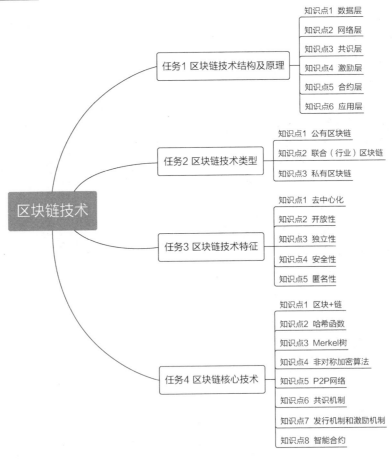

任务 1 区块链技术结构及原理

任务导入

既然区块链技术是信息技术的缩影，那应该如何从信息技术角度深度挖掘区块链技术的奥妙呢？本任务就是探索其中的奥妙。

学习目标

（1）掌握区块链技术的理论结构。
（2）理解区块链的关键技术。

任务实施

区块链技术结构包括数据层、网络层、共识层、激励层、合约层、应用层，如图 13-1 所示。每层分别完成一项核心功能，各层之间互相配合，形成一个去中心化的信任机制。

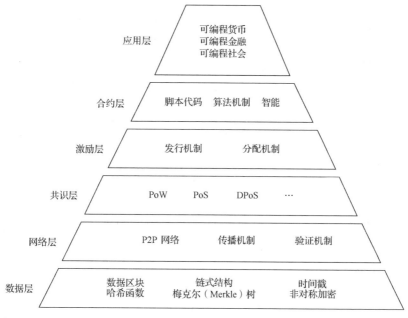

图 13-1 区块链技术结构

PoW：Proof of Work；

PoS：Proof of Stake；

DPoS：Delegate Proof of Stake

1. 数据层

数据层技术主要实现两个功能：一是相关数据的存储，二是账户和交易的实现与安全保障。数据存储主要通过区块方式和链式结构实现，账户和交易的实现基于数字签名、哈希函数和非对称加密等多种密码学算法与技术，以保证交易在去中心化的情况下能够安全地进行。

数据层主要封装底层数据区块的链式结构，以及相关的非对称公私钥加密数据和时间戳等技术，这是整个区块链技术结构中最底层的数据机构，它建立的一个起始节点称为"创世区块"，之后在同样规则下创建的区块，通过一个链式的结构依次相连组成一条主链。随着运行时间的增长，新的区块通过验证后不断被添加到主链上，主链不断地延长。

2. 网络层

网络层主要实现网络节点的连接和通信，又称点对点传输技术，它是没有中心服务器，依靠用户群交换信息的互联网体系。与有中心服务器的中央网络系统不同，点对点（对等）网络中的每个用户端既是一个节点，又有服务器的功能，其具有去中心化与健壮性等特点。

每个节点既能接收信息，也能产生信息。节点之间通过维护一个共同的区块链保持通信。在区块链的网络中，每个节点都可以创建新的区块，新区块被创建后会以广播的形式通知其他节点，其他节点会对这个新区块进行验证。当区块链网络中超过51%的用户验证该区块后，这个新区块就可以被添加到主链上。

3. 共识层

共识层主要实现区块链网络所有节点交易和数据的一致性，以防范拜占庭攻击、女巫攻击、51%攻击等共识攻击，其算法称为共识机制。共识机制是区块链的核心技术，因为它决定了由谁进行记账，而记账者选择方式将会影响整个系统的安全性和可靠性。区块链中比较常用的共识机制主要有投注共识机制、瑞波共识机制、Pool验证池、实用拜占庭容错算法、授权拜占庭容错算法、帕克索斯算法（一致性算法）等。

4. 激励层

激励层将经济因素集成到区块链技术体系中，主要包括经济激励的发行机制和分配机制，该层主要出现在公有链中，因为在公有链中必须激励那些遵守规则参与记账的节点（用户端），并且惩罚不遵守规则的节点，才能让整个体系朝着良性循环的方向发展。因此，激励机制也是一种博弈机制，旨在让更多遵守规则的节点愿意进行记账。而在私有链中，不一定进行激励，因为参与记账者的节点往往是在链外完成了博弈，也就是说，可能有强制力或有其他规则要求参与者记账。

激励层主要实现区块链代币的发行和分配。例如，以太坊用以太币作为平台运行的"燃料"，可以通过"挖矿"获得，每挖到一个区块奖励5个以太币，同时运行智能合约和发送交易信息都需要向"矿工"支付一定的以太币。注意：在我国虚拟货币不具有与法定货币等同的法律地位，详情参考2021年中国人民银行发布的《进一步防范和处置虚拟货币交易炒作风险的通知》。

5. 合约层

合约层主要封装各类脚本、算法和智能合约，赋予账本可编程的特性。区块链 2.0 通过虚拟机的方式运行代码，以实现智能合约的功能，如以太坊虚拟机（EVM）。同时，这一层通过在智能合约上添加能够与用户交互的前台界面，形成去中心化的应用（DAPP）。以太坊在比特币结构基础上，内置了编程语言协议，从而在理论上可以实现任何应用功能。如果把比特币看成全球性账本，就可以把以太坊看作一台"全球性计算机"。

6. 应用层

应用层主要封装区块链的各种应用场景和案例。例如，搭建在以太坊上的各类区块链应用就部署在应用层，可编程货币和可编程金融也搭建在应用层。

数据层、网络层和共识层是构建区块链应用的必要因素，否则，不能称之为真正意义上的区块链。激励层、合约层和应用层不是每个区块链应用的必要因素。

上文总结如下：数据层封装底层数据区块、相关的数据加密和时间戳等基础数据和基本算法；网络层包括分布式组网机制、数据传播机制和数据验证机制等；共识层主要封装网络节点的各类共识机制或共识算法；激励层将经济因素集成到区块链技术体系中，主要包括用于经济激励的发行机制和分配机制等；合约层主要封装各类脚本、算法和智能合约，是区块链可编程特性的基础；应用层则封装区块链的各种应用场景和案例。其中，基于时间戳的链式区块结构、分布式节点的共识机制、基于共识算法的经济激励和灵活可编程的智能合约是区块链技术最具代表性的创新点。

区块链技术原理示意如图 13-2 所示。

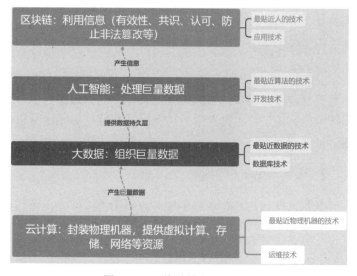

图 13-2　区块链技术原理示意

课 后 习 题

（1）简述区块链的技术结构。
（2）简述区块链技术的工作原理。

任务2 区块链技术类型

目前，世界上公认的区块链技术到底有哪些类型？已形成理论体系的技术类型应用情况如何？应该还要从哪些方面继续研究区块链技术的属性？本任务将探讨这些问题。

（1）熟悉区块链技术的类型。
（2）掌握目前区块链技术不同类型的应用场景。

任务实施

1. 公有区块链

公有区块链（Public Block Chains）是指世界上任何个体或团体都可以发送交易信息，并且交易能够获得该区块链的有效验证，任何人都可以参与其共识过程。公有区块链是最早使用的区块链，也是应用最广泛的区块链，每个比特币系列的虚拟货币均基于公有区块链，世界上有且仅有一条该币种对应的区块链。

2. 联合（行业）区块链

联合（行业）区块链（Consortium Block Chains）是指由某个群体内部指定多个预选的节点作为记账者，每个区块的生成由所有预选节点共同决定（预选节点参与共识过程），其他接入节点可以参与交易，但不过问记账过程（本质上还是托管记账，只是变成分布式记账。这种情况下，预选节点的多少，以及如何决定每个区块的记账者成为该区块链的主要风险点），其他人可以通过该区块链开放的应用程序编程接口（API）进行限定性查询。

3. 私有区块链

私有区块链（Private Block Chains）是指仅使用区块链的总账技术进行记账，记账者可以是一个公司，也可以是个人，独享该区块链的写入权限。该区块链与其他的分布式存储方案没有太大区别。传统金融都想尝试私有区块链，但事实是公有区块链的应用如Bitcoin已经工业化，而私有区别链的应用产品还在摸索中。

总而言之，公有区块链是公共区块链，它在区块链网络中是公开的，用户无须授权就

可随时加入或离开区块链网络。就像一个由多人共同记账的公共账本，对任何人都是开放的，每个人可以自由地加入或离开区块链网络，并且能够获得公共账本中的完整数据，同时还能参与这个区块链的数据维护与计算竞争。这类区块链数据由多人共同记录，公平、公正、公开，数据不可篡改，去中心化程度最强。

私有区块链是完全私有的区块链，其写入权限完全由一个组织控制，所有参与这个区块链的节点都会被严格控制，只向满足特定条件的个人开放。就像一个属于个人或公司的私有账本，只对个人或企业内部开放。因为在某些应用场景下，开发者并不希望任何人都可以参与这个区块链，它不对外公开，只有被许可的节点才可以参与并查看所有数据。私有区块链的节点数量有限，便于控制，因此其处理效率最高，去中心化程度最弱，可以用来解决金融机构、政府、大型企业的数据管理和审计。

联合（行业）区块链技术介于上述两者之间，它是指若干组织或机构共同参与管理的区块链，每个组织或机构控制一个或多个节点，共同记录交易数据，并且只有这些组织或机构能够对联合（行业）区块链中的数据进行读写和发送交易信息。就像一个由多个公司组成的联合，其内部所用的公用账本、数据由该联盟内部的成员共同维护，只对联盟内部成员开放。它的去中心化程度适中，可以说是多中心化的，其在处理效率方面比公有区块链强、比私有区块链弱。

总体来说，不同类型的区块链技术有不同的作用，公有区块链偏向于公用建设，而私有区块链、联合（行业）区块链偏向于企业或组织的应用。未来肯定是一个多链并行、百家争鸣的时代。2021 年是中国区块链技术与大规模商业应用场景化元年，未来 10 年，区块链将会让每个上链的人享受区块链的红利。

课 后 习 题

（1）世界上公认的区块链技术有哪些类型？
（2）目前区块链技术不同类型的应用场景有哪些？

任务 3　区块链技术特征

 **任务导入**

本任务总结区块链技术的特征，便于读者了解和掌握区块链技术特征。

 **学习目标**

（1）总结区块链技术的特征。
（2）能够准确分析块链技术特征。

任务实施

1. 去中心化

区块链技术不依赖第三方管理机构或硬件设施，没有中心管制，除了自成一体的区块链本身，通过分布式核算和存储，使各个节点实现交易信息的自我验证、传输和管理。去中心化是区块链最突出最本质的特征。

2. 开放性

区块链技术基础是开源的，除了交易各方的私有信息被加密，区块链的数据对所有人开放，任何人都可以通过公开的接口查询区块链数据和开发相关应用。因此，整个区块链系统信息高度透明。

3. 独立性

基于协商一致的规范和协议（类似比特币采用的哈希算法等各种数学算法），整个区块链系统不依赖第三方管理机构，所有节点能够在本系统内自动安全地验证、交换数据，不需要任何人为的干预。

4. 安全性

只要不能掌控全部数据节点的 51%，就无法肆意操控修改区块链网络数据，这使区块链相对安全，避免了人为的数据变更。

5. 匿名性

除非有法律规范要求，从技术上角度看，区块链各节点的身份信息不需要公开或验证，信息传输可以匿名进行。

具体而言，区块链技术是建立在信任机制之上的应用计算机技术、数学原理及程序的算法，使区块链系统的运行规则更加透明，从而使用户能够建立更加坚固的信任，无须使用所谓第三方的权威增信等级，就可以达成信用共识。它的开放性、安全性、匿名性保证了它的独立性和去中心化，让所有用户都可以同步并行操纵，它的链式结构能及时密封已存储数据，这些数据具有高度可追溯性和可验证性。同时，加密算法和共识机制能够确保区块链的非弹性修改。

课 后 习 题

（1）总结区块链技术的特征。
（2）分析区块链技术特征的作用和意义。

任务4 区块链核心技术

 **任务导入**

本任务介绍区块链技术的核心技术，便于读者更好地掌握区块链核心技术的基本原理。

 **学习目标**

（1）了解区块链的核心技术。
（2）掌握区块链核心技术的基本原理。

任务实施

1. 区块+链

从技术角度看，区块链是一种记录交易信息的数据结构，反映一笔交易的资金流向。系统中已经达成的交易区块连接在一起形成一条主链，所有参与计算的节点都记录了主链或主链的一部分。每个区块由区块头和区块体组成，区块体只负责记录前一段时间内的所有交易信息，主要包括交易数量和交易详情；区块头封装了当前的版本号、前一个区块地址、时间戳（记录该区块产生的时间，精确到秒）、随机数（记录并解密该区块相关数学题的答案）、当前区块的目标哈希函数值、数的根值等信息。从结构看，区块链的大部分功能都由区块头实现。

2. 哈希函数

任意长度的资料经由哈希（Hash）函数转换成一组固定长度的代码，该函数是基于密码学的单向函数，它很容易被验证，但是很难被破解。通常业界使用 $y=hash(x)$ 表示哈希函数，实现对 x 的计算，得出一个哈希值 y。

常使用的哈希函数包括 MD5、SHA-1、SHA-256、SHA-384 及 SHA-512 等算法。以 SHA-256 算法为例，将任何一串数据输入 SHA-256 将得到一个 256 位的哈希值（散列值）。其特点是输入相同的数据将得到相同的结果。输入数据只要稍有变化（如一个 1 变成 0）将得到一个完全不同的结果，并且结果无法事先预知。正向计算（由数据计算其对应的值）十分容易，而逆向计算（破解）极其困难，在当前科技条件下被视为不可能。

3. Merkle 树

Merkle 树是一种哈希二叉树，可以使用它快速地校验大规模数据的完整性。在区块链网络中，Merkle 树被用来归纳一个区块中的所有交易信息，最终生成这个区块所有交易信息统一的哈希值，区块中任何一笔交易信息的改变都会使 Merkle 树改变。

4. 非对称加密算法

非对称加密算法是一种有密钥的保密方法，需要两个密钥：公钥和私钥。如果用公钥对数据进行加密，那么，只有用对应的私钥才能解密，从而获取对应的数据价值；如果用私钥对数据进行签名，那么，只有用对应的公钥才能验证签名，验证信息的发出者是私钥持有者。因为加密和解密使用的是两个不同的密钥，所以这种算法称为非对称加密算法，而对称加密在加密与解密的过程中使用的是同一把密钥。

5. P2P 网络

P2P 网络（对等网络）又称为点对点网络，它是没有中心服务器而依靠用户群交换信息的互联网体系。与有中心服务器的中央网络系统不同，对等网络的每个用户端既是一个节点，又具有服务器的功能。P2P 网络具有去中心化与健壮性的特点。

6. 共识机制

共识机制是指所有记账节点之间如何达成共识，从而认定一个记录的有效性，这既是认定的手段，也是防止篡改的手段。目前主要有四大类共识机制：工作量证明、权益证明、股份授权证明和分布式一致性算法。

（1）工作量证明（Proof of Work，PoW）：也称为 PoW 机制，该机制与比特币的"挖矿"机制相似，"矿工"把区块链网络中尚未记录的现有交易数据打包到一个新区块，然后不断遍历尝试寻找一个随机数，使新区块加上随机数的哈希值满足一定的难度条件。找到满足条件的随机数，就相当于确定了区块链最新的一个区块，也相当于获得了区块链的本轮记账权。"矿工"把满足"挖矿"难度条件的区块在网络中广播出去，区块链网络其他节点验证该区块是否满足"挖矿"难度条件，在区块中的交易数据符合协议规范后，各节点把该区块连接到自己的区块链上，从而在区块链网络达成对当前网络状态的共识。

（2）权益证明（Proof of Stake，PoS）：也称为 PoS 机制，是指要求节点提供拥有一定数量的代币证明，以获取竞争区块链记账权的一种分布式共识机制。如果单纯依靠代币余额决定记账权，必然使富有者胜出，导致记账权的中心化，降低共识的公正性。因此，不同的 PoS 机制在权益证明的基础上，采用不同方式增加记账权的随机性，以避免中心化。例如，点点币（Peer Coin）的 PoS 机制规定，具有最长链的比特币持有者获得记账权的概率就越大。未来币（NXT）和黑币（Blackcoin）的 PoS 机制则采用一个公式预测下一个记账的节点。拥有较多代币者被选为记账节点的概率大。未来，以太坊也会从目前的 PoW 机制转换到 PoS 机制。从目前公开资料看，以太坊的机制将采用节点下赌注赌下一个区块，

赌中者会获得额外以太币奖，赌不中者会被扣减以太币，通过该方式达成下一个区块的共识。

（3）股份授权证明（Delegated Proof of Stake，DPoS）：也称为 DPoS 机制，它类似于现代企业董事会制度。比特股采用的 DPoS 机制规则如下：由持股人投票选出一定数量的见证人，每个见证人按顺序有两秒的权限时间（时间片）生成区块，若见证人在给定的时间片内不能生成区块，则区块生成权限交给下一个时间片对应的见证人。持股人可以随时通过投票更换这些见证人。DPoS 机制的这种设计使得区块的生成更为快速，也更加节能。

（4）分布式一致性算法：分布式一致性算法分为拜占庭容错算法（PBFT）和非拜占庭容错法。这类算法是目前联合（行业）区块链和私有区块链应用场景中常用的共识机制。

综合来看，PoW 机制适用于公链。搭建私链时，因为不存在验证节点的信任问题，所以采用 PoS 机制比较合适。联合（行业）区块链由于存在不可信的局部节点，因此采用 DPoS 机制比较合适。

7. 发行机制和激励机制

下面以比特币为例介绍发行机制和激励机制。由系统给那些创建新区块的"矿工"奖励比特币，该奖励大约每 4 年减半。也就是说，每记录一个新区块，系统奖励"矿工"50个比特币，该奖励每 4 年减半。依此类推，到公元 2140 年左右，新创建的区块就得不到系统给予的奖励了。届时比特币全量约为 2100 万个，这就是比特币的总量，不会无限地增加。此外，还可以用交易费作为奖励。当新创建区块没有得到系统的奖励时，"矿工"可以通过收取交易费增加收益。例如，用户在转账时可以指定其中的 1%作为交易费支付给创建新区块的"矿工"。如果某笔交易的输出值小于输入值，那么差额就是交易费，该交易费被增加到该区块的奖励中。只要既定数量的电子货币已经进入流通，激励机制就可以转换成完全依靠交易费，就不必发行新的货币。

8. 智能合约

智能合约是一组情景应对型的程序化规则和逻辑，是通过部署在区块链上的去中心化、可信共享的脚本代码实现的。通常情况下，智能合约经各方签署后，以代码的形式附着在区块链数据上，经 P2P 网络传播和节点验证后记入区块链的特定区块中。智能合约封装了预定义的若干状态及转换规则、触发合约执行的情景、特定情景下的应对行动等。区块链可实时监控智能合约的状态，并通过核查外部数据源，确认满足特定触发条件后激活并执行合约。

课 后 习 题

（1）区块链的核心技术有哪些？
（2）探讨区块链核心技术的应用价值。

项 目 小 结

本项目对区块链技术的结构、原理、类型及其特征，进行全方位的阐述和说明，使初学者从多个方面了解和认识区块链核心技术的工作原理及其应用前景。同时，面向专业技术人员和相关开发人员介绍区块链的技术内核。

区块链技术在人才培养中的重要性

当今社会，区块链技术已经在贸易、金融、保险和证券等领域被广泛应用，并且正在向精准营销、智能制造、医疗及审计等实体领域延伸。区块链技术的需求呈爆发式增长趋势，但区块链技术人才极度短缺。目前，各行各业内部的"区块链+"应用所需人才主要来自计算机、软件、互联网、金融等领域，无法达到专业人才聚集的效果。当传统人才培养模式无法满足"数智化"企业的实际需求时，就要转向创新人才培养模式。区块链技术在人才培养中的重要性不可忽略。

学习区块链相关概念和技术，将"区块链+教育"的价值充分发挥出来，是时代赋予当代大学生的历史使命，是数字经济型社会发展的内在需求。同时，教育工作者应该在国家教育部门的支持下，探索出新的教学模式，积极推进大数据和区块链等技术的应用，使之与其他学科有效融合，强化学习转移、技能互认、数字记录等有效措施，不断优化创新人才培养模式，构建复合型人才培养的新格局，将创造性构想转化为内在动力，推动数字经济的快速发展，从而为社会经济的长期和可持续发展奠定人才基础。

自 测 题

一、单选题

（1）（　　　）是区块链核心内容。

  A．合约层　　　　　　　　　　B．应用层

  C．共识层　　　　　　　　　　D．网络层

（2）区块链在资产证券化发行方面的应用属于（　　　）。

  A．数字资产类　　　　　　　　B．网络身份服务

  C．电子存证类　　　　　　　　D．业务协同类

（3）区块链运用的技术不包含哪一项？（　　）

    A．P2P 网络　　　　　　　　　　B．密码学

    C．共识算法　　　　　　　　　　D．大数据

（4）以下哪项不是区块链目前的分类？（　　）

    A．公有链　　　　B．私有链　　　　C．量子链　　　　D．联盟链

（5）以下哪个不是区块链特征？（　　）

    A．不可篡改　　　　B．高升值　　　　C．去中心化　　　　D．可追溯

二、多选题

（1）区块链技术有 3 个关键点（　　）。

    A．采用非对称加密算法进行数据签名

    B．任何人都可以参与

    C．共识机制或共识算法

    D．以链式区块的方式存储

（2）一项新技术从诞生到成熟，一般经历（　　）。

    A．过热期　　　　B．低谷期　　　　C．复苏期　　　　D．成熟期

（3）数字资产类应用案例包括（　　）。

    A．数字票据　　　　B．第三方存证　　　　C．应收款　　　　D．产品溯源

（4）区块链技术带来的价值包括（　　）。

    A．提高业务效率　　　　　　　　B．降低拓展成本

    C．增强监管能力　　　　　　　　D．创造合作机制

三、简答题

（1）区块链技术有哪些特征？

（2）区块链的核心技术是什么？

（3）区块链技术结构分为哪几层？每层的核心技术是什么？

（4）如何看待联盟（行业）区块链之间的竞争？

（5）区块链为什么需要结合其他技术实现端到端？

项目 14 Windows 操作系统（自学）

项目导读

　　操作系统是计算机最基础的系统软件，其他软件都要在操作系统的支持下运行。目前，很多电子产品都离不开操作系统，如智能手机、平板电脑等。了解操作系统的概念、作用、功能、种类，以及掌握 Windows 文件管理基本操作和系统设置很有必要。

知识框架

任务 1　操作系统概述

计算机运行离不开软件，操作系统是最重要的基础软件，其他软件在操作系统的支持下运行。本任务介绍操作系统的概念、作用、功能、种类及常用的操作系统。

（1）掌握操作系统的概念。
（2）熟悉操作系统的作用与功能。
（3）熟悉操作系统的种类。
（4）熟悉常用的操作系统。

任务实施

操作系统是计算机的"管家"，全面管理计算机硬件和软件资源，使计算机高效地处理各种业务。此外，操作系统还给用户提供简易的界面，使用户通过简单操作"指挥"计算机运行。

1. 操作系统的概念

操作系统（Operating System，OS）是计算机系统中必不可少的核心系统软件，其他软件在操作系统的基础之上运行。通过操作系统可以合理地组织计算机工作流程，控制程序运行。操作系统向用户提供各种服务功能，使用户能够灵活、方便、有效地使用计算机，使整个计算机系统能够高效地运行。

2. 操作系统的作用与功能

操作系统的作用：对内提高计算机各部件的效率，使计算机高速完成各种任务；对外给用户提供简易操作界面，零基础的用户都能通过查看该界面中的提示和帮助信息使用计算机。

操作系统的功能可分为处理机管理、文件管理、存储管理、设备管理和作业管理。

（1）处理机管理实际上是指管理处理机的执行"时间"，将中央处理器（CPU）的时间合理地分配给每个任务。

（2）文件管理包括计算机磁盘文件存储空间管理、目录管理、读写管理和存取管理。

（3）存储管理是指管理主存储器空间，主要包括存储空间的分配与回收、存储保护、地址映射和主存储器扩充。

（4）设备管理是指管理各种硬件设备，包括设备的分配、启动、完成和回收等管理工作。操作系统利用缓冲技术和虚拟设备技术，尽可能地保证设备的运行速度与 CPU 运行速度协调。

（5）作业管理包括任务、界面管理、人机交互、图形界面、语音控制和虚拟现实等。

3．操作系统的种类

操作系统分为批处理操作系统、分时操作系统、实时操作系统、网络操作系统、分布式操作系统、嵌入式操作系统等。

1）批处理操作系统

批处理是指用户将一批作业（任务）一次性提交给操作系统后就不再人为干预，由操作系统控制它们自动运行。这种采用批量处理作业技术的操作系统称为批处理操作系统。批处理操作系统不具有交互性，它是为了提高 CPU 的利用率而设计的一种操作系统。

2）分时操作系统

分时操作系统把计算机与许多终端用户连接起来，把系统处理机时间与内存空间按一定的时间间隔，轮流地切换给各终端用户的程序使用。由于时间间隔很短，因此每个用户感觉自己独自使用计算机。分时操作系统的特点是有效增加资源的使用率。

3）实时操作系统

当外界事件或数据产生时，系统能够响应、接受并以足够快的运行速度予以处理，其处理的结果又能在规定的时间内控制生产过程或对处理系统做出快速响应，调度一切可利用的资源完成实时任务，并控制所有实时任务协调一致运行，这类操作系统称为实时操作系统。提供及时响应和高可靠性是实时操作系统的主要特点。

4）网络操作系统

网络操作系统是指使网络计算机能够方便而有效地共享网络资源，为网络用户提供各种服务的软件和有关协议的集合。

5）分布式操作系统

分布式操作系统是由多个地理位置分散的、具有独立功能的计算机连接而成的计算机系统，这类系统中的计算机是平等分布的，任意两台计算机可以通过网络交换信息。通常，分布式计算机配置的操作系统称为分布式操作系统。在分布式操作系统支持下，互连的计算机可以协调工作，共同完成一项任务。

网络操作系统与分布式操作系统在概念上的主要区别是，网络操作系统可以构架于不同的操作系统之上。也就是说，它可以在不同的计算机操作系统上，通过网络协议实现网络资源的统一配置，从而在大范围内构成网络操作系统。在网络操作系统中，不要求对网络资源进行透明式访问，即不需要指明资源位置与类型，对本地资源和异地资源访问区别对待。分布式操作系统比较强调单一性，它是由一种操作系统构架的。在这种操作系统中，

网络的概念在应用层被淡化了。所有资源（本地的资源和异地的资源）都用同一方式管理与访问，用户不必关心资源在哪里，或者资源是怎样存储的。

6）嵌入式操作系统

嵌入式操作系统的一个典型应用代表是智能手机和平板电脑中的 Harmony OS、Android、iOS 等。嵌入式操作系统通常包括与硬件相关的底层驱动软件、系统内核、设备驱动接口、通信协议、图形界面、标准化浏览器等。嵌入式操作系统负责本系统的全部软硬件资源的分配、任务调度，控制、协调并发活动。它能够通过装卸某些模块达到系统所要求的功能，这就是嵌入式操作系统的主要特征。

4．常用的操作系统

目前流行的操作系统主要有 Windows、Android、UNIX、Linux、iOS、华为鸿蒙系统（HUAWEI Harmony OS）等，其中，最有名的微机操作系统是微软（Microsoft）公司的 Windows，最有名的移动设备操作系统是 Android 和 iOS。我国自主研发的鸿蒙系统用户群增长迅猛。下面介绍其中的 5 种。

1）Windows 操作系统简介

Windows 是美国微软公司研发的一套操作系统，它问世于 1985 年，慢慢地成为全球用户最喜爱的操作系统。

Windows 采用图形用户界面（GUI），使用起来更简单、更方便、更人性化。随着计算机硬件和软件的不断升级，Windows 也在不断升级，从架构的 16 位、16+32 位混合版（Windows 9x）、32 位再到 64 位。系统版本从最初的 Windows 1.0 到大家熟知的 Windows 95、Windows 98、Windows ME、Windows 2000、Windows 2003、Windows XP、Windows Vista、Windows 7、Windows 8、Windows 8.1、Windows 10、Windows 11 和 Windows Server 服务器企业级操作系统。现在最新的版本是 Windows 11。

2）Android 操作系统简介

Android 是由谷歌公司和开放手机联盟领导并开发的一种基于 Linux 内核的自由且开放源代码的操作系统，主要用于移动设备，如智能手机和平板电脑。目前，Android 逐渐扩展到其他设备，如电视机、数码相机、游戏机、智能手表等。

3）UNIX 操作系统简介

UNIX 操作系统是一个通用的、多任务、多用户的分时操作系统，一般用于大型计算机。

4）Linux 操作系统简介

Linux 是一套免费使用和自由传播的类 UNIX 操作系统。国产操作系统大多数是以 Linux 为基础二次开发的操作系统，如红旗 Linux、银河麒麟、中标麒麟 Linux、共创 Linux 和起点操作系统 Start OS。

5）华为鸿蒙系统

华为鸿蒙系统（HUAWEI Harmony OS）是华为技术有限公司自主研发的一款智能终端操作系统，它是面向 5G 物联网、面向全场景的分布式操作系统，为手机、个人计算机、

平板电脑、电视、无人驾驶、车载设备、智能穿戴等不同设备的智能化、互联与协同提供统一的语言。华为鸿蒙系统给用户带来简捷、流畅、连续、安全、可靠的全场景交互体验，能兼容全部安卓（Android）系统的所有 Web 应用。

课 后 习 题

一、填空题

（1）操作系统的功能可分为_____管理、_____管理、_____管理、_____管理和_____管理。

（2）操作系统分为_____操作系统、_____操作系统、_____操作系统、_____操作系统、_____操作系统和_____操作系统等。

（3）目前流行的现代操作系统主要有_____、_____、_____、_____和_____等。其中，最有名的微机操作系统是_____公司的_____，最有名的移动设备操作系统是_____和_____。

二、名词解释

（1）计算机软件系统。
（2）操作系统。

三、简答题

（1）简述操作系统的作用。
（2）简述操作系统的功能。
（3）简述操作系统的种类。

任务 2　Windows 文件管理

Windows 文件管理是计算机基本操作，该操作比较简单，必须熟练掌握。

学习目标

（1）熟悉计算机文件的管理知识。
（2）熟悉文件夹的管理知识。
（3）熟练掌握计算机中文件的管理方式。
（4）熟练掌握 Windows 文件管理基本操作。

任务实施

在计算机日常应用中，文件管理基本操作很常见，也很简单。计算机操作的基本对象是文件，文件存放在文件夹中。

1. 计算机文件

使用计算机软件编辑内容，保存以后将产生计算机文件。计算机文件是以计算机存储设备为载体存储在计算机上的信息的集合。文件的内容可以是文本、表格、程序、图片、音频、视频等。

文件有文件名，文件名有主文件名，主文件名由用户设定，首要原则是"顾名思义"，主文件名应尽可能详细地描述文件的特征。文件名不能是任意字符，Windows 操作系统中文件命名规则如下：

（1）不得超过 255 个字符。
（2）除了文件名开头任何地方都可以使用空格。
（3）文件名中不能包含下列符号："？""、""\""＊""""""""""＜"">""|"。
（4）文件名不区分大小写，但在显示时可以保留大小写格式。
（5）文件名中可以包含多个间隔符，如"院系工作.新闻报道.18 级动员大会"。
（6）不能使用系统保留字，如 Nul、Aux、Com1、Com2、Com3、Com4、Con、Lpt1、Lpt2、Lpt3 和 prn。

文件可能有扩展名，主文件名和扩展名之间用小圆点分隔，扩展名代表文件类型。常

见文件扩展名及其类型见表 14-1。

表 14-1 文件常见扩展名及其类型

扩展名	文件类型	扩展名	文件类型
.exe	可执行文件	.htm 或.html	静态网页
.bat	批处理文件	.asp 或.php 或.jsp	动态网页
.dat	数据文件	.BMP 或.jpg 或.jpeg	图形图像
.txt	文本文件	.gif 或.flv 或.swf	动画文件
.doc 或.docx 或.WPS	Word 文件或 WPS 文字文件	.wav 或.mp3 或.mid	声音文件
.xls 或.xlsx 或.et	Excel 文件或 WPS 电子表格文件	.mp4 或.rmvb 或.avi 或.3gp	视频文件
.ppt 或.pptx 或.dps	PowerPoint 文件或 WPS 演示文件	.rar 或.zip	压缩文件
.pdf	PDF 电子书文件	.c 或.cpp	C 源程序文件
.java	Java 程序	.py	Python 源程序

也可以自己定义文件扩展名，如"我的程序.ABC"。不要随便更改文件的扩展名，否则，文件可能会无法使用。

在 Windows 中，可以设置是否显示扩展名，操作方法如下：

（1）打开"资源管理器"或"此电脑"窗口，单击"查看"选项卡，如图 14-1 所示。此时，勾选或取消"文件扩展名"左侧的复选框，就可以显示或隐藏文件。

图 14-1 "资源管理器"窗口

（2）也可单击"选项"按钮，打开"文件夹选项"对话框，如图 14-2 所示。

（3）在"文件夹选项"对话框中单击"查看"选项卡，在"高级设置"列表中找到"隐藏已知文件类型的扩展名"复选框，如图 14-3 所示。

（4）根据自己的需要做出选择，最后，单击"确定"按钮。

2. 文件夹

文件夹用来存放文件和下一级文件夹。盘符是一级文件夹，也称为根目录。在实际学习、工作中，我们可以建立文件夹，将文件放入文件夹，以实现文件的按类别管理。

同一文件夹中的文件不能同名，不同文件夹中的文件可以同名。

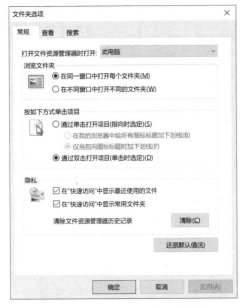

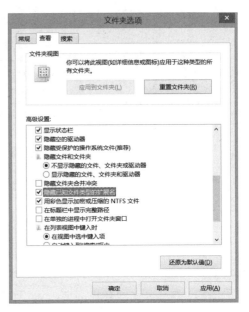

图 14-2 "文件夹选项"对话框　　　　图 14-3 "查看"选项卡中的"高级设置"列表

3. 计算机中文件的管理方式

在计算机系统中,文件管理采用树形目录结构。树形目录结构就像一棵倒立的树,树根是根目录(盘符),分支是文件夹。计算机文件的树形目录结构如图 14-4 所示。

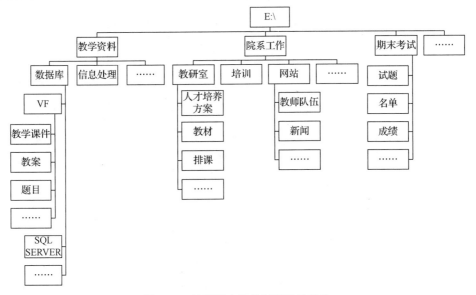

图 14-4　计算机文件的树形目录结构

重要提示 1：

在实际应用中，由于计算机系统崩溃、感染病毒、运行速度降低等原因，操作系统可能需要重新安装或还原。操作系统重新安装或还原时，系统盘（C 磁盘）中原来的资料将全部消失。因此，请勿在"桌面"、"我的文档"和 C 磁盘存放用户资料。

通常，我们会把计算机磁盘划分成几个区域，产生 C 磁盘、D 磁盘、E 磁盘等磁盘分区，操作系统占用 C 磁盘，用户资料有计划地占用其他盘。

作为机器，计算机肯定不是万无一失的，因此，需要及时将重要资料备份到其他存储介质或网络。

4. Windows 文件管理基本操作

Windows 文件管理基本操作如下：

1）打开 Windows 资源管理器

打开 Windows 资源管理器的操作方法有多种，常用的方法有以下 3 种：

（1）右击屏幕左下角的"开始"图标，单击"文件资源管理器"图标。

（2）双击桌面上的"此电脑"图标。

（3）双击其中的任意文件夹。

2）选择查看布局方式

查看布局方式有超大图标、大图标、中图标、小图标、列表、详细信息、平铺、内容 8 种方式。选择查看布局有两种方法：

（1）在打开的"Windows 资源管理器"窗口中，单击"查看"选项卡，单击选择需要的查看布局方式。

（2）在打开的"Windows 资源管理器"窗口中右击空白处，在弹出的快捷菜单中把光标指向"查看"，以选择一种查看方式。

3）选择排序方式

常见的排序方式有按名称、按修改日期、按类型、按大小 4 种。选择排序有两种方法：

（1）在打开的"Windows 资源管理器"窗口中，单击"查看"选项卡→"排序方式"选项，选择需要的排序方式。

（2）在打开的"Windows 资源管理器"窗口中，右击空白处，在弹出的快捷菜单中把光标指向"排序方式"选项，单击需要的排序方式。

4）新建文件夹

新建文件夹的操作方法有多种，常见的操作方法如下：

右击窗口空白处，在弹出的快捷菜单中把光标指向"新建"菜单命令，单击"文件夹"选项，输入文件夹的名称，按 Enter 键。

5）新建文件

新建文件的操作方法有多种，常用方法如下：

右击窗口空白处，在弹出的快捷菜单中把光标指向"新建"菜单命令，单击相应的文件类型子菜单，输入文件的名称，按 Enter 键。

案例 14-1：

在 D 磁盘创建文件夹，把它命名为"城建学院"，在新建的文件夹中建立文件"VF 教案.docx"。

操作方法如下：

（1）打开"Windows 资源管理器"，在其中双击 D 磁盘（盘符为 D:）。

（2）右击窗口空白处，在弹出的快捷菜单中把光标指向"新建"菜单命令，单击"文件夹"菜单命令，输入"城建学院"，按 Enter 键。

（3）双击刚刚创建的文件夹"城建学院"，右击窗口空白处，在弹出的快捷菜单中，把光标指向"新建"菜单命令，单击"DOCX 文档"菜单命令，输入"VF 教案"，按 Enter 键。主要参考界面如图 14-5 所示。

（a）Windows 资源管理器 D 磁盘

（b）新建文件夹、新建文件

（c）输入文件名称

图 14-5　案例 14-1 的主要参考界面

案例 14-2：

在 D 磁盘"城建学院"文件夹中建立文件"登记成绩.bat"。

操作方法如下：

（1）设置显示文件扩展名，其操作方法前面已经介绍过，此处省略。

（2）双击"Windows 资源管理器"→D 磁盘，在其中打开文件夹"城建学院"。

（3）右击窗口空白处，在弹出的快捷菜单中把光标指向"新建"菜单命令，单击"DOCX 文档"菜单命令，输入"登记成绩.bat"，按 Enter 键，计算机会弹出"重命名"对话框，提示"如果改变扩展名，可能导致文件不可用。确实要更改吗？"，单击"是"按钮。主要参考界面如图 14-6 所示。

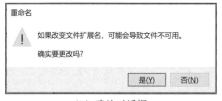

（a）输入文件名　　　　　　　　　（b）确认对话框　　　　　　　　　（c）最终效果

图 14-6　案例 14-2 的主要参考界面

提示： 在第（3）步骤中，把光标指向"新建"菜单命令，单击任一文件类型子菜单即可。

这种题目在好多计算机考试中涉及，读者要举一反三，强化练习。

6）修改文件或文件夹名称

修改文件或文件夹名称的操作方法有多种，常见的操作方法如下：

（1）右击需要修改名称的文件或文件夹，在弹出的快捷菜单中单击"重命名"菜单命令，输入新的名称，按 Enter 键。

（2）单击需要修改名称的文件或文件夹，按 F2 键，输入新的名称，按 Enter 键。

重要提示 2：

修改文件的名称前，应先把该文件的编辑窗口关闭，否则，无法修改。另外，文件扩展名一般不要改变。

7）删除文件或文件夹

删除文件或文件夹的操作方法有多种，常见的操作方法如下：

（1）右击需要删除的文件或文件夹，在弹出的快捷菜单中单击"删除"菜单命令。

（2）单击需要删除的文件或文件夹，按 Delete 键。

这里的删除是指把删除的文件放入回收站，可以从回收站中还原被删除的内容，也可以从回收站中真正删除这些文件或文件夹。

如果要一次性真正删除文件或文件夹，而不放入回收站，可以单击需要删除的文件或文件夹，按 Shift+Delete 组合键。

重要提示 3：

删除文件前，应先把该文件的编辑界面关闭，否则，无法删除。

8）复制文件或文件夹

复制文件或文件夹的操作方法有多种，常见的操作方法如下：

（1）右击需复制的文件或文件夹，在弹出的快捷菜单中单击"复制"菜单命令，在目标位置，右击空白处，在弹出的快捷菜单中单击"粘贴"菜单命令。

（2）单击需要复制的文件或文件夹，按 Ctrl+C 组合键，在目标位置，按 Ctrl+V 组合键。

（3）单击需要复制的文件或文件夹，按 Ctrl 键不放，把它拖动到目标位置。

（4）单击需要复制的文件或文件夹，按住鼠标右键把它拖动到目标位置，单击"复制到当前位置"菜单命令。复制文件或文件夹的主要参考界面如图 14-7 所示。

图 14-7　复制文件或文件夹的主要参考界面

9）移动文件或文件夹

移动文件或文件夹的操作方法有多种，常见的操作方法如下：

（1）右击需要移动的文件或文件夹，在弹出的快捷菜单中单击"剪切"菜单命令；在目标位置，右击空白处，在弹出的快捷菜单中单击"粘贴"菜单命令。

（2）单击需要移动的文件或文件夹，按 Ctrl+X 组合键，在目标位置，按 Ctrl+V 组合键。

（3）单击需要移动的文件或文件夹，把它拖动到目标位置。

（4）单击需要移动的文件或文件夹，按住鼠标右键把它拖动到目标位置，单击"移动到当前位置" 菜单命令，移动文件或文件夹的主要参考界面参考图 14-7。

补充知识：

在计算机操作中，快捷键扮演着非常重要的角色。熟练使用快捷键，将会大大提升工作效率与水平。常见的快捷键及其功能见表 14-2 所示。

表 14-2　常见快捷键及其功能

快捷键	功能	快捷键	功能
Ctrl+A	全部选中	Ctrl+C	复制
Ctrl+F	查找	Ctrl+N	新建文件
Ctrl+O	打开文件	Ctrl+P	打印
Ctrl+S	保存文件	Ctrl+V	粘贴
Ctrl+W	关闭窗口	Ctrl+X	剪切
Ctrl+Y	恢复/重做	Ctrl+Z	撤销

10）搜索文件或文件夹

在实际应用中，我们需要打开以前保存过的文件或文件夹，但是又忘记了它们的保存位置。这时，可以利用 Windows 的搜索功能。

常规方法如下：双击桌面上的"此电脑"图标，在打开的"此电脑"窗口（见图 14-8）右侧的搜索栏中输入待搜索的文件或文件夹名称，或者输入文件或文件夹名称中的关键字。

在输入过程中，计算机自动开始搜索，并把搜索结果显示出来，如图 14-9 所示。

如果知道文件或文件夹保存的位置，可以双击对应位置后进行搜索，这样可以提高搜

索速度。搜索成功以后，就可以右击搜索到的对象，在弹出的快捷菜单（见图 14-10）中，进行打开、复制、移动、重命名、删除、建立快捷方式等操作。

图 14-8　"此电脑"窗口

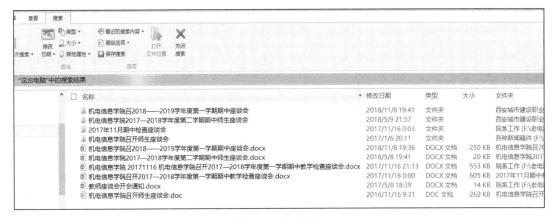

图 14-9　搜索结果

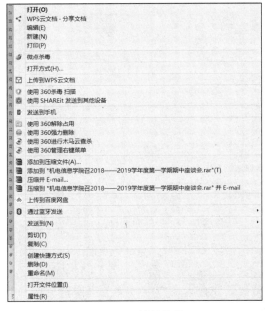

图 14-10　快捷菜单

当然，也可以右击搜索到的对象，在弹出的快捷菜单（见图 14-10）中，单击"打开文件位置"菜单命令，可以看到与被搜索文件有关的更多的资料，打开搜索结果所在位置，如图 14-11 所示。

图 14-11 打开搜索结果所在位置

按照线索种类，搜索可以分为以下 5 种：

（1）根据修改日期搜索。在搜索窗口中，单击"搜索工具"下面的"搜索"选项卡，单击"修改日期"工具按钮，可以根据修改日期线索进行搜索，如图 14-12（a）所示。例如搜索"这台电脑"中昨天修改的资料，搜索结果参考画面如图 14-12（b）所示。

（a）按修改日期搜索

（b）搜索"此电脑"中昨天修改的资料

图 14-12 根据修改日期搜索

（2）根据类型搜索。在搜索窗口中，单击"搜索工具"下面的"搜索"选项卡，单击"类型"工具按钮，可以依据类型线索搜索，如图 14-13 所示。

（3）根据文件大小搜索。在搜索窗口中，单击"搜索工具"下面的"搜索"选项卡，单击"大小"工具按钮，可以根据文件大小线索搜索，如图 14-14 所示。

（a）按类型搜索

（b）按音乐类型在"此电脑"中的搜索结果

图 14-13　根据类型搜索

（4）根据其他属性搜索。在搜索窗口中，单击"搜索工具"下面的"搜索"选项卡，单击"其他属性"工具按钮，可以根据其他属性线索搜索，如图 14-15 所示。

图 14-14　根据文件大小搜索

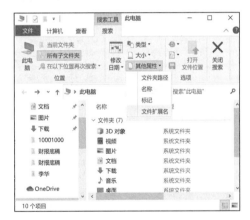

图 14-15　根据其他属性搜索

（5）设置搜索位置。在搜索窗口中，单击"搜索工具"下面的"搜索"选项卡，在"位置"组中可以设置搜索的位置，如图 14-16 所示。

图 14-16　设置搜索位置

11）建立快捷方式

下面，通过一个案例介绍建立快捷方式的操作方法。

在"E:\微课\参赛\2017年微课大赛\上交资料"中有最近频繁使用的资料，用传统双击的方法打开，很浪费时间，容易损坏鼠标。可以在桌面上创建"E:\微课\参赛\2017年微课大赛\上交资料"的快捷方式，只须双击一次就可以访问目标资料。

建立快捷方式的操作方法如下：

（1）利用快捷菜单建立快捷方式。双击桌面上的"此电脑"图标，一直双击，找到需要创建快捷方式的位置，右击需要创建快捷方式的对象，在弹出的快捷菜单中把光标指向"发送到"菜单命令，然后单击"桌面快捷方式"菜单命令。

在本案例中双击打开"2017年微课大赛"，在其中右击"上交资料"，在弹出的快捷菜单中把光标指向"发送到"菜单命令，然后单击"桌面快捷方式"菜单命令，如图 14-17所示。

图 14-17　利用快捷菜单建立快捷方式

（2）利用拖动法建立快捷方式。双击桌面上的"此电脑"图标，一直双击，找到需要创建快捷方式的位置，按住右键不放，将需要创建快捷方式的对象拖动在桌面上，然后松开鼠标，在弹出的快捷菜单中单击"在当前位置创建快捷方式"菜单命令。

在本案例中先双击打开"2017 年微课大赛"，按住右键不放，将其中的"上交资料"拖动在桌面上，在弹出的快捷菜单中单击"桌面快捷方式"菜单命令，如图 14-18 所示。

上述两种方法建立的快捷方式效果是一样的。本案例中在桌面上建立的快捷方式如图 14-19 所示。

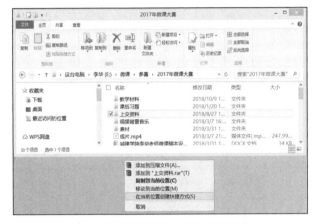

图 14-18　利用拖动法建立快捷方式

图 14-19　在桌面上建立的快捷方式

案例思考：

（1）如何区分快捷方式图标和文件或文件夹图标？

（2）真正删除桌面上快捷方式图标和文件或文件夹图标对用户造成的损失相同吗？

除了在桌面上建立快捷方式，还可以用同样的方法在其他地方创建快捷方式。

12）确保资料安全的简单方法——文件或文件夹的隐藏设置

下面，通过一个案例介绍文件或文件夹的隐藏设置。

张小飞和陈爱国是同事，他们在单位办公室共用一台计算机。"七夕"节快到了，张小飞利用单位办公室的计算机给同事张小斐写了一封情书，保存在"E:\张小飞"中，文件名是"张 TO 张.DOCX"。这个文件他不希望被陈爱国及其他人看到。

下面介绍一个简单方法帮助张小飞解决这个问题，即文件或文件夹的隐藏设置。

设置方法如下：

右击需要设置隐藏属性的文件或文件夹，单击"属性"菜单命令，勾选"隐藏"复选框，如图 14-20（a）所示，单击"确定"按钮，隐藏文件，如图 14-20（b）所示。

案例思考：

张小飞自己如何查看被隐藏的文件？

可以设置显示被隐藏的文件或文件夹。

在 Windows 中，可以设置是否显示被隐藏的资料，操作方法如下：

（1）打开"资源管理器"或"此电脑"窗口，单击"查看"选项卡，如图 14-21 所示，勾选"隐藏的项目"左侧的复选框即可。

（2）也可以单击"选项"按钮，打开"文件夹选项"对话框，如图 14-22 所示。

（a）设置文件或文件夹的隐藏属性

（b）文件或文件夹被隐藏

图 14-20　文件或文件夹的隐藏设置

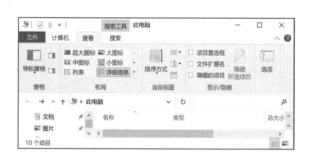

图 14-21　"此电脑"窗口

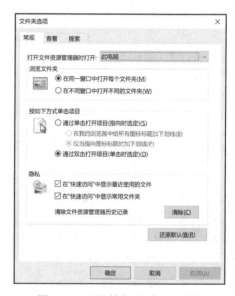

图 14-22　"文件夹选项"对话框

（3）在"文件夹选项"对话框中单击"查看"选项卡，在"高级设置"中找到 ○ 显示隐藏的文件、文件夹和驱动器 复选框，如图 14-23（a）所示。

（4）根据自己的需要做出选择，最后，单击"确定"按钮。可以看到，被隐藏的文件显示出来了，如图 14-23（b）所示。这时，张小飞就可以正常使用这个文件了。

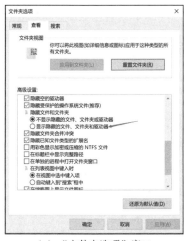

（a）"文件夹选项"窗口　　　　　　（b）被隐藏的文件显示在 Windows 窗口中

图 14-23　设置文件或文件夹的只读属性

很显然，这种方法不安全。因为计算机的其他操作者也可以用这样的方法查看被隐藏的资料，也可以删除文件。

案例思考：

在保护资料隐私方面还有哪些安全可靠的方法？

13）避免资料被误修改的简单方法——设置文件或文件夹的只读属性

为了避免误修改，可以设置文件、文件夹的只读属性［见图 14-20（a）］。其操作方法和设置文件或文件夹的隐藏属性相同，此处省略。

设置了只读属性的资料被打开时，系统会提示"只读"，如图 14-24（a）所示。

设置了只读属性的资料在误修改后保存时，系统会弹出"另存为"对话框。这样源文件得到保护，如图 14-24（b）所示。

（a）资料被打开时显示"只读"　　　　　　（b）"另存为"对话框

图 14-24　源文件的保护

课 后 习 题

一、填空题

（1）文本文件的扩展名是_____，Word 或 WPS 文字文件的扩展名是_____，Excel 或 WPS 表格文件的扩展名是_____，PowerPoint 或 WPS 演示文件的扩展名是_____。

（2）扩展名 JPG 是_____的文件类型的文件，扩展名 WAV 是_____的文件类型的文件，扩展名 MP4 是_____的文件类型的文件，扩展名 HTML 是_____的文件类型的文件，扩展名 EXE 是_____的文件类型的文件。

（3）复制对象的快捷键是_____，剪切对象的快捷键是_____，粘贴对象的快捷键是_____，重命名对象的快捷键是_____，删除对象的快捷键是_____。

（4）快捷键 Ctrl+O 的作用是_____，快捷键 Ctrl+S 的作用是_____，快捷键 Ctrl+P 的作用是_____。

二、判断正误题

（1）因为文件扩展名代表了文件类型和编辑软件等信息，所以我们不能随便定义文件的扩展名。　　　　　　　　　　　　　　　　　　　　　　　　（　　）

（2）不同文件夹中的文件或子文件夹可以同名。　　　　　　　　　　（　　）

（3）"桌面"和"我的文档"都不属于 C 磁盘，可以放心地存放用户资料。　（　　）

（4）计算机有几个分区就表示有几个磁盘，例如，盘符"C:""D:""E:""F:"就表示计算机里面安装了 4 个磁盘。　　　　　　　　　　　　　　　　　（　　）

（5）删除快捷方式以后，对应的文件或文件夹也被删除。　　　　　　（　　）

（6）将文件或文件夹设置为"隐藏"以后，其他操作者将无法查阅，因此，没有任何安全隐患。　　　　　　　　　　　　　　　　　　　　　　　（　　）

三、简答题

（1）简述 Windows 操作系统的命名规则。

（2）利用网络搜集整理常见文件的扩展名。

（3）利用网络搜集整理常用的快捷键。

四、上机操作题

（1）在桌面上建立文件夹，把它命名为"练习"。

（2）在"练习"文件夹中建立文件，把它命名为"我的程序.C"。

（3）在"练习"文件夹中建立文件夹，把它命名为"我的文件.微课.教学资料"。

（4）在"练习"文件夹中建立文件，把它命名为"练习截图.DOCX"。

（5）设置"在显示文件时显示扩展名"，将最后一个操作界面截图，将该截图放入文件"练习截图.DOCX"中，关闭文件。

（6）将文件夹"练习"改名为你的姓名，压缩文件夹，向老师提交结果。

大学生信息技术——拓展模块

任务3 Windows 操作系统设置

 任务导入

Windows 操作系统设置涉及面很广，有些设置需要专业知识，操作步骤较复杂，难度较大，本任务介绍常用的设置。

学习目标

（1）掌握查看计算机系统信息的方法，会采购计算机。
（2）掌握设置屏幕分辨率的方法。
（3）掌握设置电源方案的方法，会设置合理的电源方案。
（4）掌握管理计算机账户的方法，会更改密码。
（5）掌握添加和设置打印机的方法，会安装打印机驱动程序。
（6）掌握安装或卸载软件的方法。
（7）掌握查看磁盘属性的方法，会清理垃圾文件。

任务实施

在实际应用中，用户经常要查看计算机系统信息，要根据用户自己的需要设置 Windows 工作环境，要安装软件、字体和驱动程序等。

1. 查看计算机系统信息

普通用户购买计算机时，主要关心其硬件配置，如主板、CPU、内存、显卡、声卡、网卡等。这些硬件配置情况可以通过查看计算机系统信息而获得。

右击桌面上的"此电脑"图标，单击"属性"菜单命令，打开"设置"窗口，如图 14-25 所示。在"设置"窗口主界面，可以查看计算机设备规格，包括计算机处理器、内存容量、系统类型等信息，还可以查看安装的操作系统的信息，包括系统版本、版本号、安装日期等信息。

根据应用场景，Windows 有多种版本，如家庭基本版、家庭高级（增强）版、专业版、企业版、旗舰版等，其中旗舰版的功能最丰富。

单击"更改产品密钥或升级 Windows"链接，可以升级 Windows。单击相关设置中的"重命名这台电脑"链接，可以打开"系统属性"对话框，进行更多设置，如图 14-26 所示。单击相关设置中的"设备管理器"链接将打开"设备管理器"窗口，可以查看计算机硬

218

件情况，如图 14-27 所示。单击设备左侧的三角形按钮，可以展开设备列表，看到详细信息。

图 14-25　"设置"窗口

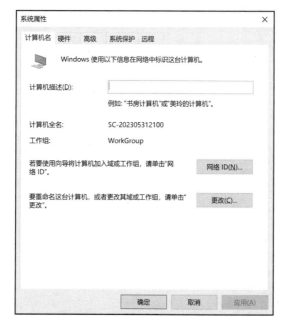

图 14-26　"系统属性"对话框

　　右击某个设备，可以借助快捷菜单更新驱动程序软件、禁用、卸载、扫描检测硬件改动等操作，也可以单击快捷菜单中的"属性"菜单命令，查看该设备的属性，如图 14-28 所示。

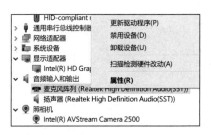

图 14-27　"设备管理器"窗口　　　　　　　图 14-28　在快捷菜单中查看设备属性

　　查看磁盘空间大小的操作方法如下：双击桌面上的"此电脑"图标，可以查看磁盘分区及每个分区的存储空间大小，如图 14-29 所示。

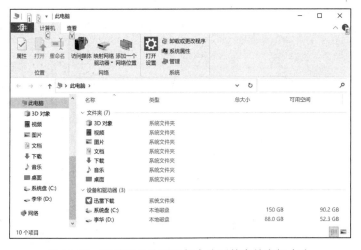

图 14-29　查看磁盘分区及每个分区的存储空间大小

2. 设置屏幕分辨率

屏幕分辨率是指屏幕显示的分辨率，即屏幕横向像素点数×纵向像素点数，如 1024×768 像素。该数值越大，分辨率越高，显示的图像越清晰、逼真，屏幕上显示的内容也越多。

一般情况下，屏幕分辨率由操作系统自动判别、自动设定，无须人为干预。设置屏幕分辨率的方法很多，最常用的方法如下：在桌面空白处右击，在弹出的快捷菜单中单击"显示设置"菜单命令，显示设置"屏幕"窗口，如图 14-30 所示。在该窗口设置屏幕亮度和颜色、缩放与布局、多显示器、更优睡眠等参数。在"缩放与布局"对应的文本框中可以设置屏幕分辨率。

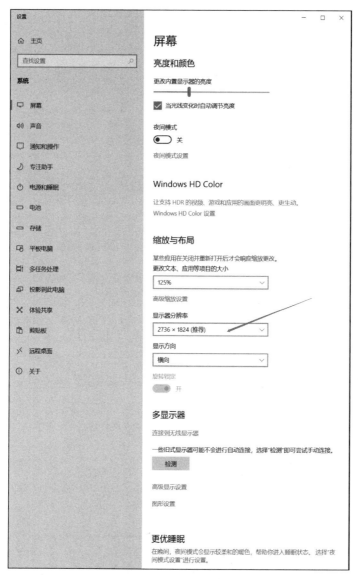

图 14-30 "屏幕"窗口

3. 设置电源方案

为了节约能源，延长屏幕使用寿命，或者延长笔记本电脑的电池使用时间，可以设置电源方案。在 Windows 操作系统中，查看默认的电源设置方案或修改电源设置的方法有很多，最常用的方法如下：在"设置"窗口（参考图 14-25）中单击左侧"电源和睡眠"链接，显示设置"电源和睡眠"窗口，如图 14-31（a）所示。

在"电源和睡眠"窗口中，设置屏幕关闭的时间和系统进入睡眠的时间。单击"电源和睡眠"窗口相关设置下方的"其他电源设置"链接，显示"电源选项"窗口，如图 14-31（b）所示。

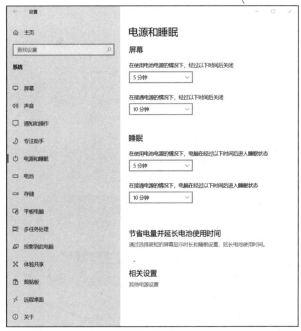

（a）"电源和睡眠"窗口

（b）"电源选项"窗口

图 14-31 "电源和睡眠"与"电源选项"窗口

4．管理计算机账户

某教研室只配备了一台计算机，李老师和杨老师需要共同使用这一台计算机，如何管理计算机用户才能使这两位老师感觉自己一个人在使用该计算机？

这是典型的一机（计算机）多用（用户）情况，需要管理计算机用户。管理计算机用户包括新建用（账）户、设置用（账）户、使用用（账）户、删除用（账）户等操作。

1）新建用户

新建用户时需要以管理员身份进行操作，常用的操作步骤如下：

（1）右击桌面上的"此电脑"图标，在弹出的快捷菜单中单击"管理"菜单命令，显示"计算机管理"窗口，如图 14-32 所示。

图 14-32 "计算机管理"窗口

（2）在"计算机管理"窗口左侧双击"本地用户和组"，再单击"本地用户和组"下方的"用户"项，在窗口右侧将显示计算机当前用户信息，包括名称、全名、描述信息，如图 14-33 所示。

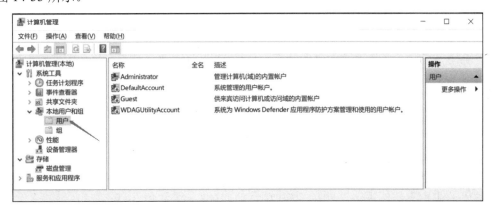

图 14-33 计算机当前用户信息

（3）在"计算机管理"窗口中右击空白处，在弹出的快捷菜单中单击"新用户"菜单命令，显示"新用户"对话框，如图 14-34 所示。在该对话框中设置用户名、全名、描述、密码等参数，最后单击"创建"按钮，可以看到新建用户的信息，如图 14-35 所示。

图 14-34 "新用户"对话框

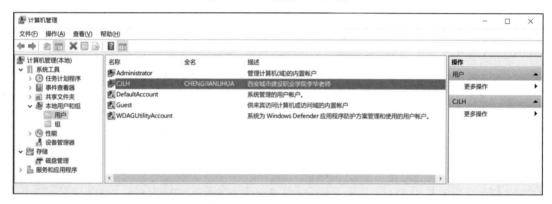

图 14-35 新建用户的信息

当计算机开机、注销或重启后，可以选择用户，输入密码，计算机会给新用户创建一个新环境。

2）设置账户

设置账户主要包括设置密码、设置权限、更换用户头像和人脸识别登录。

（1）设置密码。设置密码的方法很多，最简便的方法是，在用户登录 Windows 操作系统后，按 Ctrl+Alt+Delete 组合键，在弹出的菜单中选择"更改密码"命令，如图 14-36 所示。

（2）设置权限。设置权限的方法也很多，利用控制面板设置权限的操作步骤如下：

① 双击桌面上的"此电脑"图标，搜索"控制面板"，搜索结果如图 14-37 所示。

② 双击搜索结果中的控制面板快捷方式，打开"控制面板"窗口，如图 14-38 所示。

③ 在"控制面板"窗口中单击"用户账户"（图 14-38 中的"帐"同"账"，下同）对应的"更改账户类型"链接，打开"管理账户"窗口，如图 14-39 所示。

④ 在"管理账户"窗口中单击要设置权限的账户，打开"更改账户"窗口，如图 14-40 所示。

⑤ 在"更改账户"窗口中单击"更改用户类型"命令，打开"更改用户类型"窗口，如图 14-41 所示。

图 14-36　选择"更改密码"命令　　　　图 14-37　"控制面板"搜索结果

图 14-38　"控制面板"窗口

图 14-39　"管理账户"窗口

（3）更改用户头像。更改用户头像的操作步骤如下。

① 在"控制面板"窗口中单击"用户账户"选项，打开上一级"用户账户"窗口，如图 14-42 所示。

图 14-40 "更改账户"窗口

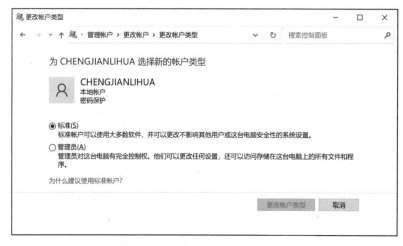

图 14-41 "更改用户类型"窗口

② 在上一级"用户账户"窗口中单击"用户账户"选项，打开下一级"用户账户"窗口，如图 14-43 所示。

图 14-42 上一级"用户账户"窗口

③ 在下一级"用户账户"窗口中单击"在电脑设置中更改我的账户信息"命令，打开"设置"窗口，如图 14-44 所示。在该窗口中可以利用"摄像头"或"从现有图片中选择"两种方式创建或更改账户头像。

图 14-43　下一级"用户账户"窗口

图 14-44　"设置"窗口

（4）设置人脸识别登录。人脸识别技术比较常见，门禁系统、智能手机和银行支付系统等都包含人脸识别。人脸识别的基本思路是先保存人脸特征，然后通过识别人脸验证账户。设置人脸识别登录针对有摄像头的计算机，操作步骤如下。

① 在图 14-44 所示的"设置"窗口中单击左侧的"登录选项"链接，打开"登录选项"窗口，如图 14-45 所示。

② 在"登录选项"窗口中单击右侧的"Windows Hello 人脸"链接，打开"Windows Hello 人脸"设置窗口，如图 14-46 所示。

③ 在"Windows Hello 人脸"设置窗口中单击"设置"按钮，打开"Windows Hello 安装程序"对话框，如图 14-47 所示。

④ 在"Windows Hello 安装程序"对话框中单击"开始"按钮，打开"Windows 安全中心"对话框，如图 14-48 所示。输入 PIN 码，单击"确定"按钮，开始人脸特征采集，如图 14-49 所示。

设置完毕，重新登录 Windows 操作系统时，计算机会自动识别人脸。符合条件的账户可以直接进入系统，不用输入密码，使用非常方便。

图 14-45 "登录选项"窗口

图 14-46 "Windows Hello 人脸"
设置窗口

图 14-47 "Windows Hello 安装程序"对话框

图 14-48 "Windows 安全中心"对话框

图 14-49 人脸特征采集

3）使用账户

使用账户比较简单，这里主要介绍"锁定"、"切换用户"和"注销"命令。在当前用户临时离开计算机时，为了信息安全，建议锁定计算机。在上文图 14-36 所示界面中单击"锁定"命令，可以将计算机锁住，防止其他人进行非授权活动。正确输入当前用户密码后，可以解锁。

在上文图 14-36 所示界面中，单击"切换用户"命令，可以切换用户；单击"注销"命令，可以注销计算机账户，当然也可以切换用户。

这里，简要区分一下"切换用户"、"注销"和"锁定"命令。

（1）切换用户。从甲用户切换到乙用户时，甲用户工作环境保留，该用户所使用的程序没有退出，已打开的文件没有关闭。当然，乙用户登录后看不到甲用户的工作环境。

（2）注销。先关闭甲用户所使用的程序和已打开的文件，不保留甲用户的工作环境，然后切换到乙用户。注销的好处是甲用户所用的程序和已打开的文件不会意外丢失，而且可以腾出更多的内存空间。

（3）锁定。当前用户暂时离开计算机，可以使用锁定功能，该用户的工作环境保留。重新使用计算机时，输入密码或人脸识别，即可返回原工作环境。

4）删除账户

删除账户的操作步骤很简单，此处省略。

5. 添加和设置打印机

打印机是计算机标准配置之一，打印机的添加、设置、使用比较简单。

1）添加打印机

添加打印机时，需要进行硬件安装和驱动程序安装。硬件安装特别简单，此处省略。硬件安装完成以后，先打开打印机电源开关，再启动计算机。一般情况下，Windows 操作系统会自动识别新硬件，自动安装驱动程序，无须人为干预。

驱动程序安装成功以后，可以在"控制面板"的"设备和打印机"窗口中看到打印机的信息，如图 14-50 所示。添加打印机后，在其他程序（如 WPS）中就可以直接打印了。

图 14-50　"设备和打印机"窗口中的打印机信息

建议用户保存好打印机厂商提供的驱动程序。当然，也可以到打印机厂商官网下载驱动程序，这样就可以使用打印机的扩充功能。

如果 Windows 没有自动添加打印机，可以在图 14-50 中单击"添加打印机"链接，利用向导完成打印机的添加。在添加打印机过程中，遇到其他问题，可以通过网络、供应商、售后服务、专业人员等渠道寻求解决办法。

2）设置打印机

在图 14-50 中，右击安装好的打印机图标，如 Lenovo LJ2208（下同），在弹出的快捷菜单中单击"打印机属性"菜单命令，显示"Lenovo LJ2208 属性"对话框，如图 14-51 所示。

图 14-51　"Lenovo LJ2208 属性"对话框

这里，常见设置项如下：

（1）共享打印机。在图 14-51 所示对话框中单击"共享"选项卡，可以设置与这台计算机的其他用户共享打印机，也可以设置与局域网中的用户共享打印机，"共享"选项卡界面如图 14-52 所示。

（2）设置打印首选项。在图 14-51 所示对话框中单击"首选项"按钮，或者在"设备和打印机"窗口中右击 Lenovo LJ2208 打印机，在弹出的快捷菜单中，单击"打印首选项"菜单命令。弹出的"Lenovo LJ2208 打印首选项"界面如图 14-53 所示。可以在该界面中，进行高级和快捷设置，分别如图 14-54 和图 14-55 所示。

图 14-52　"共享"选项卡界面

图 14-53　"Lenovo LJ2208 打印首选项"界面

图 14-54　"高级"设置界面

图 14-55　"快捷设置"界面

在图 14-53～图 14-54 所示对话框中可以设置打印机默认的参数，主要参数如下：

① 纸张尺寸、份数、方向、纸张类型、打印质量。这些参数很好理解，此处省略。

② 多页（打印）。该参数用于设置一张纸打印好几个版面，好处是节约纸张。

③ 双面打印、省墨模式这些参数很好理解，此处省略。

④ 缩放比例。通过设置该参数，可以将内容放大或缩小，以适应纸张的大小。例如，计算机电子版设置的页面是 A4，而打印纸是 16 开，打印时可以在缩放比例中选择"调整至纸张大小"选项，同时选择 16 开。

⑤ 逆序打印：从后往前打印，打印完成后可以直接装订，不用调整纸张先后顺序。

这里设置的是打印机的通用参数，以后，在任何程序里面打印，都使用这里设置的参数，所以，一定要谨慎。如果不小心设置错了，那么可以单击"打印机首选项"对话框中的"默认值"按钮还原。

（3）打印测试页。在图 14-51 所示对话框中单击"打印测试页"按钮，Windows 将发送测试内容给打印机，检测打印机工作是否正常。

3）使用打印机

纸张是珍贵的资源，打印机也有许多耗材。为了节约资源与耗材，打印之前，一定要反复预览，反复修改参数设置，确认没有问题后打印。另外，尽量用电子版，尽量减少打印次数。

日常使用打印机时，要防止灰尘。要使用高质量打印纸，避免卡纸，还要使用正规耗材。

取消打印作业的方法：在"设备和打印机"窗口中，双击打印机图标，显示打印机状态窗口，如图 14-56 所示。

图 14-56　打印机状态窗口

右击某个打印作业，在弹出的快捷菜单中，单击目标菜单命令，可以暂停或取消打印，如图 14-57 所示。当然，通过关闭打印机也可以取消打印作业。

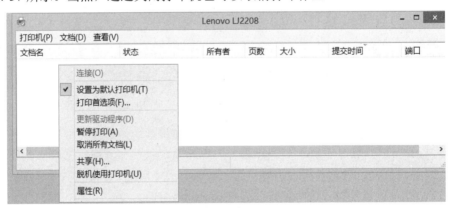

图 14-57　通过快捷菜单暂停或取消打印作业

随着打印机软硬件技术的发展，用无线网络共享打印机和智能手机操作打印机逐步普及。读者在应用打印功能时要多阅读相关说明书，多查阅网络资料。

6. 安装或卸载软件

随着软件智能化水平的提高，常用软件的安装或卸载操作难度越来越低。另外，360 软件管家之类的软件助手的出现，也使得常用软件的安装或卸载变得更简单。安装或卸载软件的常用途径如图 14-58 所示。下面，通过 4 个案例介绍软件的安装或卸载。

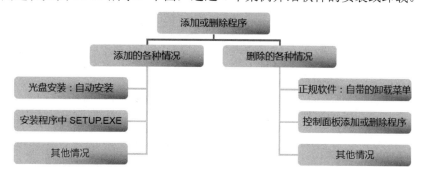

图 14-58　安装或卸载软件的常用途径

案例 1：

利用光盘安装 Microsoft Office 系列产品。

操作步骤如下：

（1）将光盘放入光驱，计算机自动阅读光盘中的内容，并自动引导安装程序，显示初始化界面和安装提示界面，分别如图 14-59 和图 14-60 所示。

光盘放入光驱以后，如果没有显示初始化界面，那么可双击"此电脑"图标，在其界面中双击光驱图标，寻找 setup.exe 文件，双击此文件，同样也会显示初始化界面。

图 14-59　初始化界面

图 14-60　安装提示界面

（2）单击"立即安装"按钮，将按照默认的方式安装。安装内容和安装位置都是默认的，用户无须参与，这种安装方式适合普通用户。单击"立即安装"按钮后，计算机显示安装进度，安装进度界面如图 14-61 所示。

这里，建议单击"自定义"按钮，根据需要设定安装内容和安装位置等参数。参考画面如图 14-62～图 14-64 所示。设置完成后，单击"立即安装"按钮。安装完成提示界面如

图 14-65 所示。通过"开始"菜单启动程序的界面如图 14-66 所示，也可以在桌面或任务栏上创建程序的快捷方式。

图 14-61　安装进度界面

图 14-62　选择安装内容

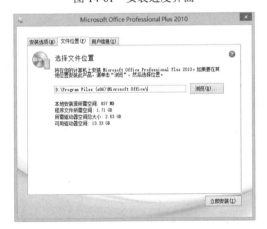

图 14-63　选择安装位置

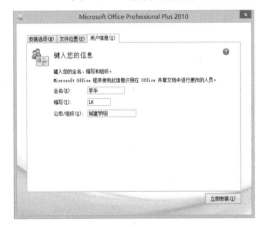

图 14-64　设置用户信息

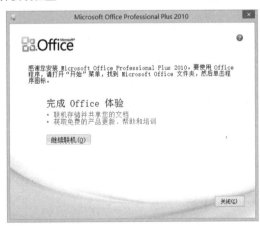

图 14-65　安装完成提示界面

图 14-66　通过"开始"菜单启动程序

案例 2：

在机房上课演示教学时，老师经常会使用电子教室软件。下面介绍如何安装电子教室软件 s_setup（学生端）。

双击电子教室软件 s_setup.exe，显示安装向导界面，选择安装位置，开始安装，完成安装，相关界面如图 14-67 所示。

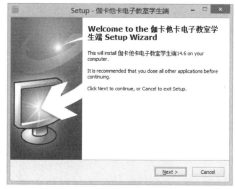 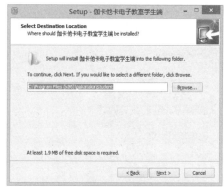

（a）安装向导界面　　　　　　　　　　　　　　（b）选择安装位置

（c）开始安装　　　　　　　　　　　　　　　　（d）安装进度界面

图 14-67　成功安装电子教室学生端

（e）

图 14-67　成功安装电子教室学生端（续）

案例 3：

安装压缩和解压缩工具——WinRAR。

在 WinRAR 中国地区官网下载正版 WinRAR 软件。双击 WinRAR 软件，按以下步骤安装，相关界面如图 14-68 所示。

（a）安装向导界面

（b）开始解压

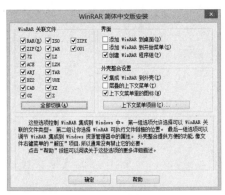

（c）设置功能

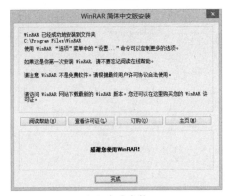

（d）完成安装

图 14-68　安装 WinRAR 软件的步骤

案例 4：

卸载微信电脑版。

方法 1：利用软件自带的卸载菜单卸载微信电脑版。

操作步骤如下：

（1）单击屏幕左下角的"开始"菜单，在"应用"中搜索"微信"，单击"卸载微信"图标，如图 14-69（a）所示。或者单击"开始"菜单→"所有程序"→"微信"→"卸载微信"，如图 14-69（b）所示。

（a）通过在"开始"菜单中的"应用"搜索卸载微信电脑版

（b）通过"开始"菜单中的"所有程序"卸载微信电脑版

图 14-69　利用软件自带的卸载菜单

（2）按照屏幕提示完成卸载。

方法 2：利用控制面板卸载微信电脑版。

操作步骤如下：

（1）打开"控制面板"，单击"卸载程序"链接，显示"程序和功能"窗口，如图 14-70 所示。

图 14-70　"程序和功能"窗口

（2）右击待卸载的软件，在弹出的快捷菜单中单击"卸载/更改"菜单命令，如图 14-71 所示。

图 14-71　"卸载程序"窗口

（3）按照屏幕提示完成卸载。

方法 3：利用 360 软件管家卸载微信电脑版。

操作步骤如下：

（1）启动 360 软件管家，单击菜单栏中的"软件卸载"链接，显示如图 14-72 所示的待删除软件列表。

图 14-72　360 软件管家显示的待删除软件列表

（2）找到待卸载的软件，单击"一键卸载"按钮。

在实际工作中，有些大型软件或服务器/客户机模式下的软件安装步骤比较复杂，难度比较大。在这种情况下，由计算机专业人员负责安装和运维工作。

7. 磁盘管理

磁盘是主要的存储设备，在日常使用计算机过程中，磁盘中文件的建立、读写和删除等操作，都会产生许多垃圾和碎片，影响计算机运行速度。因此，需要定期查看磁盘属性、清理垃圾和整理碎片。

1）查看磁盘属性

操作步骤如下：

（1）打开"此电脑"窗口，右击需要查看属性的磁盘，单击"属性"菜单命令，打开"属性"对话框，如图 14-73 所示。

在"属性"对话框中可以看到该磁盘的名称、类型、文件系统、已用空间、可用空间、容量等

图 14-73　"属性"对话框

信息。

2）清理系统垃圾文件

在"属性"对话框中，单击"磁盘清理"按钮，显示"磁盘清理"对话框，如图 14-74（a）所示。单击"确定"按钮，显示确认删除文件对话框，如图 14-74（b）所示。单击"删除文件"按钮，开始删除文件，删除文件进度条如图 14-74（c）所示。

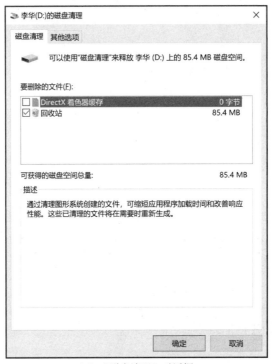

（a）"磁盘清理"对话框

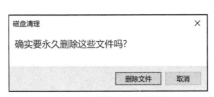

（b）确认删除文件对话框

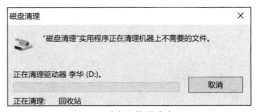

（c）删除文件进度条

图 14-74　清理系统垃圾文件

3）整理磁盘碎片

在"磁盘属性"对话框中单击"工具"选项卡，显示"查错"和"对驱动器进行优化和碎片整理"选项，如图 14-75 所示。单击"检查"按钮，开始检测磁盘；单击"优化"按钮，开始"驱动器优化和碎片整理"。这两项操作比较耗费时间，建议在计算机系统空闲时进行。

用 360 安全卫士、电脑管家、优化大师等软件也可以完成系统的维护、清理、加速等

工作。图 14-76 是 360 安全卫士的主界面。

　　建议经常使用 360 安全卫士等软件清理垃圾、查杀病毒、优化加速等工作，使计算机处于优良工作状态。

图 14-75　"工具"选项卡显示的信息

图 14-76　360 安全卫士的主界面

大学生信息技术——拓展模块

在计算机使用过程中，如果出现卡顿或死机等现象，先不要急于关机、重启和复位等处理，可以尝试按 Ctrl+Alt+Delete 组合键，调出 Windows "任务管理器"，其界面如图 14-77所示。

在"任务管理器"中，右击没有响应的任务或希望结束的任务，在弹出的快捷菜单中单击"结束任务"菜单命令，可以强行结束任务，如图 14-78 所示。

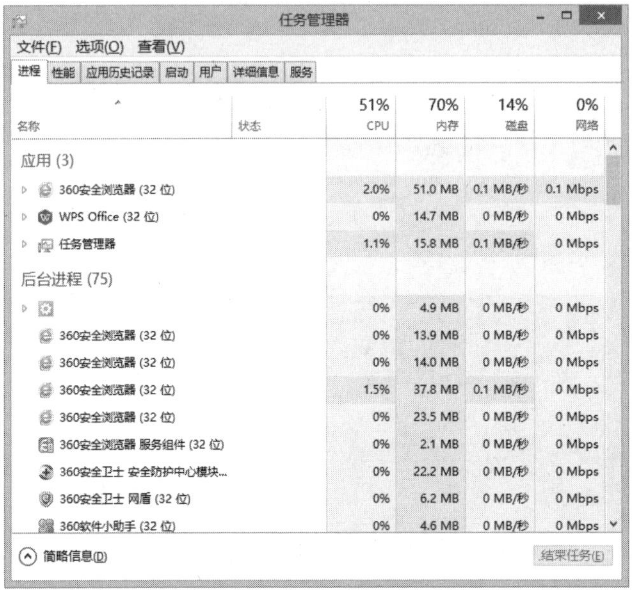

图 14-77 "任务管理器"界面

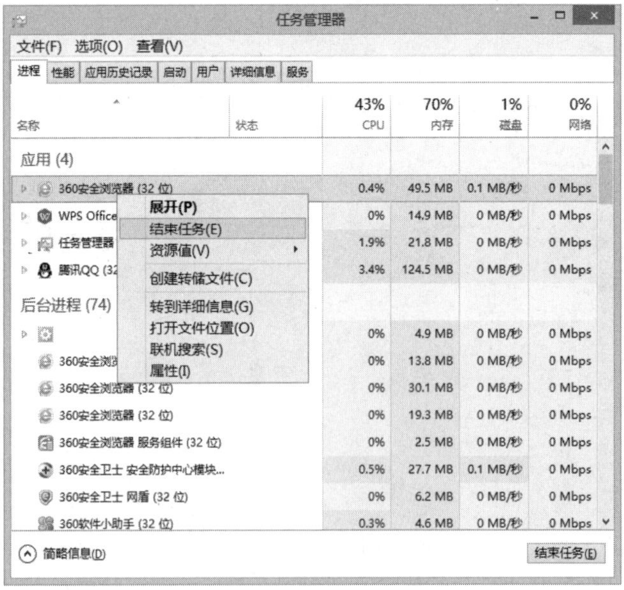

图 14-78 结束任务

242

在"任务管理器"中单击"性能"选项卡（见图 14-79），可以查看计算机系统在某一时刻的性能。

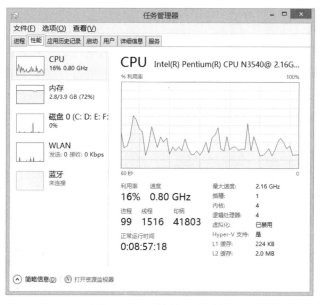

图 14-79　"性能"选项卡

在"任务管理器"中单击"详细信息"选项卡（见图 14-80），可以看到应用程序占用系统资源的详细信息。

图 14-80　"详细信息"选项卡

在"详细信息"选项卡界面中单击标题栏中的"CPU"或"内存"，系统就按照"CPU"或"内存"占用率高低自动排序。在计算机死机的情况下，可以将CPU或内存占用率高的任务强行结束，计算机系统可以恢复正常。

提示

购买计算机及其外围硬件产品前，应该明确自己的使用需求和可以接受的价格。在正规网站查看计算机的销售排行榜、品牌、型号、价位等信息，缩小目标范围或锁定目标。对计算机这类高精密产品，建议购买大品牌，尽量选择国产；建议去正规计算机专卖店或去电脑城购买，最好有专业人员陪同。在选购时，认真听销售人员讲解目标产品，把它的品牌、型号、主要硬件配置参数记下来。对价位、优惠、赠品、质保、维修等问题，也要问清楚并记下来。货比三家，最终确定经销商。到经销商收银台支付，索取交易凭条、发票、保修单等。开箱验货，仔细检查产品外观。在销售人员安装好软件后，要认真检测系统信息，尤其是主要的硬件配置参数。有任何疑问，当场咨询销售人员。此外，还要检查麦克风、声卡、网卡、蓝牙、摄像头、触摸板（屏）、键盘、鼠标和各种接口等设备工作是否正常。索取经销商、销售人员、维修单位的联系方式。在保修期内，若对产品有疑问或产品发生故障，则要及时联系销售人员；若发现严重问题，则要联系经销商退货或换货。

课 后 习 题

一、填空题

（1）目前，市场上CPU频率的单位是＿＿＿＿＿＿，内存大小的单位是＿＿＿＿＿＿，磁盘大小的单位是＿＿＿＿＿＿。

（2）显示Windows任务管理器的快捷键是＿＿＿＿＿＿。

二、上机操作题

（1）在"桌面"上新建文件"操作截图.DOCX"。

（2）查看你所使用的计算机系统信息，将最后一个操作界面截图放入文件"操作截图.DOCX"中。

（3）查看你所使用的计算机磁盘分区、容量、占用情况信息，将最后一个操作界面截图放入文件"操作截图.DOCX"中。

（4）新建一个账户，账户名称为你的姓名，密码是你的生日，类型为普通账户，将所有操作界面截图放入文件"操作截图.DOCX"中。

（5）清理你所使用计算机的磁盘垃圾，将最后一个操作界面截图放入文件"操作截图.DOCX"中。

（6）整理你所使用计算机的磁盘碎片，将最后一个操作界面截图放入文件"操作截图.DOCX"中。

（7）将文件"操作截图.DOCX"重命名为你的姓名，压缩该文件。

任务 4　系统备份、还原与重装

正确的使用习惯会提高计算机整机性能，保护用户资料安全。但有时系统会出现故障，需要定期备份，以便及时恢复系统功能及用户资料，在极个别情况下，需要重装系统。

（1）掌握正确的使用习惯。
（2）熟悉系统的备份与还原。
（3）掌握系统重装的方法。

任务实施

计算机属于精密仪器，一定要正确使用。如果正确使用计算机，那么一般不需要进行系统还原和系统重装。

1. 正确的使用习惯

1）计算机使用环境注意事项

计算机对使用场所的环境是有要求的，不良的环境条件，会影响计算机性能的发挥，甚至造成计算机内部元器件损坏。

（1）保持环境清洁。由于计算机内部的元器件都是带电工作的，在工作过程中，它们所产生的湿度、电荷及电子设备周围产生的磁场等，很容易吸附灰尘。灰尘既影响元器件的散热，又容易吸附潮气，严重时会造成短路，或者使机械传动机构、导轨等运行不良。

建议在切断电源的情况下，定期打开台式计算机的机箱清理灰尘。笔记本电脑内部结构很紧凑，普通用户可以找专业人员清理。清理不同的部件，要用不同的工具和方法。例如，用吹风机或吸尘器等工具清理机箱内部的灰尘，用软毛刷刷去接触点上的灰尘，用清洗剂擦洗键盘、鼠标、屏幕。

（2）保持合适的温度。计算机在运行时会产生很大的热量。普通计算机对周围环境的温度要求在 11℃～30℃之间，在正常的散热、通风条件下，计算机产生的热量不足以引起电路故障，但是，当外界温度超过标准温度，或者通风条件不良，或者机箱内部安装了较多接口卡（如声卡、显卡、网卡等）时，就会导致机箱内部温度急剧上升，进而造成集成

电路芯片或对高温敏感的元器件温度急剧升高。温度过高会加速电路中的元器件的老化，或者引起芯片针脚焊点脱焊。对于 CPU，要求机箱内部温度不能高于 80℃，外部温度不能超过 50℃，否则，很容易造成死机，严重时会烧毁 CPU。

因此，在有计算机的房间内最好配上空调。如果没有条件，在周围环境超过 35℃时，可以实行间断工作法或增加机外风扇，达到降温目的，还可以考虑短时间打开机箱，用风扇对其直接降温。如果周围环境实在太高，最好暂时停止使用计算机。

严禁在膝盖、沙发、被褥等不利于散热的地方使用计算机，否则，将严重影响整机性能，威胁用户资料安全，甚至造成死机、系统崩溃等。

（3）保持合适的湿度。当计算机周围环境的湿度较高时，很容易造成其内部各个元器件短路。因此，计算机最好不要放在室内的某个角落，而应该经常打开窗户通风，保持室内空气流通。当环境湿度很大时，可以定期清洁各个元器件，然后用吹风机吹主机内部，维持主机相对干燥。

（4）保持稳定的电压。计算机在使用过程中，电压一般要稳定在 220V。若电压过高，则会烧毁计算机；若电压过低，则计算机因负载过多而无法正常工作。最好为计算机配置一台不间断电源（UPS），这样既可以起到稳压的作用，又可以防止突然断电而造成数据丢失。

2）计算机硬件使用注意事项

（1）谨慎搬运。搬动计算机前，必须关机并断开电源。轻拿轻放，严禁碰撞和震动。用交通工具搬运计算机时，要用塑料泡沫和包装箱保护好计算机及设备。

（2）插拔设备时请关机并断开电源。请勿带电插拔设备，避免因静电而发生意外。

（3）严防液体洒落到计算机部件上。有些用户边使用计算机边吃东西（如喝饮料），这是极其危险的。

（4）爱惜低值易耗品。

相对主机而言，键盘和鼠标等属于低值易耗品。当计算机系统运行速度比较慢时，不要猛击鼠标或键盘，否则，容易造成死机，还会减少它们的使用寿命。

硬件是计算机系统的物质基础，硬件一般不容易发生故障，然而，硬件故障一般比软件故障的危害性大。因此，要养成良好的使用习惯。

3）计算机软件使用注意事项

软件是程序、数据和文档的集合，它可以充分发挥计算机的性能，在软件使用过程中，应该注意以下内容。

（1）及时卸载无用软件。在计算机上安装的软件过多，会影响其运行速度，降低整机性能。因此，除了不要安装无用软件，还要及时检查并卸载无用软件，及时清理卸载软件后的残留文件。

（2）及时升级软件。及时升级软件可以充分利用软件功能，提高性能，预防漏洞。

（3）限制自动启动的程序。有些软件被安装以后，默认的启动方式是"当启动 Windows 时，自动启动软件"。但是，大部分用户并不希望每次启动 Windows 后，自动启动该软件。此时，可以通过设置，取消"当启动 Windows 时，自动启动软件"。当需要使用时，手动

启动该软件。这样，可以大大节约内存空间，提高整机运行速度。

（4）及时关闭后台程序。软件使用完后，应该及时退出。单击关闭按钮并不会使某些软件退出，它们还在后台运行。因此，应该及时关注屏幕右下角状态栏显示的软件图标，将暂时不用的后台程序退出，节约内存空间，提高整机运行速度。

（5）禁用办公计算机玩游戏。严禁使用办公计算机或存放用户资料的计算机玩游戏，否则，会面临整机运行速度下降、死机、系统崩溃、资料丢失等风险。

（6）使用计算机时要有耐心。前面说过，计算机是精密仪器，计算机处理信息是需要时间的。有些个人计算机的内存空间较小，运行速度较慢。如果在使用过程中发现计算机反应慢，就要耐心等待。如果不停地单击鼠标或狂按键盘，就很容易造成死机。如果出现卡顿或死机，可以按 Ctrl+Alt+Delete 组合键，调出 Windows 任务管理器，强行结束没有反应的程序或占用资源较多的程序。

（7）使用免费软件协助管理计算机。目前，有许多免费软件可以帮助用户管理计算机，如 360 安全卫士、360 杀毒软件、360 软件管家、鲁大师等。鲁大师主界面如图 14-81 所示。这些软件一般都提供系统体检、查杀病毒、清理垃圾文件、系统修复、系统加速、软件升级、软件卸载等功能，还具有实时监测的功能，使用方便。

下面以 360 系列产品为例，简单介绍它们的使用。

360 安全卫士主要功能包括系统体检、木马病毒查杀、垃圾文件清理、系统修复、优化加速等，其主界面如图 14-81 所示。

图 14-81　鲁大师主界面

360 杀毒软件主要功能包括扫描病毒、查杀病毒等，其主界面如图 14-82 所示。

图 14-82　360 杀毒软件的主界面

360 软件管家主要功能包括软件安装、软件升级、软件卸载、系统净化等，其主界面如图 14-83 所示。

图 14-83　360 软件管家的主界面

360 加速器主界面如图 14-84 所示。

2. 系统备份与还原

系统备份与还原是指将系统还原到之前某个时间点的状态。备份的内容包括系统软件和用户资料，用户资料的备份利用复制和粘贴功能，比较简单。这里，主要介绍系统软件的备份。

备份的原因如下：

（1）系统长时间运行后，随着更多软件的安装或卸载等操作，运行速度会明显降低，通过系统的备份与还原操作，可以提高系统运行速度。

（2）由于某种原因，系统可能会崩溃，通过系统的备份与还原操作，可以快速恢复系统的正常操作。

（3）通过系统的备份与还原操作，可以消灭某些顽固病毒。

（4）通过系统的备份与还原操作，可以卸载某些顽固软件。

（5）其他因素。

图 14-84　360 加速器主界面

系统备份与还原的方法很多，相关软件也很多。这里，介绍一键还原精灵的使用方法。

在系统备份与还原方面，一键还原精灵是一款非常好用的软件，它可以实现一键备份与还原，操作特别简单。一键还原精灵主界面如图 14-85 所示。

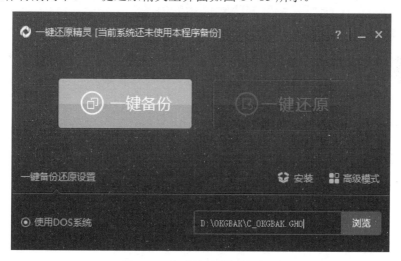

图 14-85　一键还原精灵主界面

（1）备份方法。在计算机启动或重启后，注意观看屏幕提示，及时按 F11 键，打开一键还原精灵主界面。单击"备份"→"确定"按钮，重启进入备份界面。在备份界面，显示备份进度。备份完成后，计算机自动重启，备份工作结束。

（2）还原方法。在计算机启动或重启后，注意观看屏幕提示，及时按 F11 键，打开一

键还原精灵主界面。单击"还原"→"确定"按钮，约 10s 以后计算机自动重启，显示恢复系统界面。在恢复系统界面中，显示恢复进度，还原完成后计算机自动重启，将当前 C 磁盘中的数据全部清除，将备份的文件恢复到 C 磁盘中。

3. 系统重装

如果平时正确使用计算机，正常进行备份与还原，那么，基本不用重装系统。另外，重装系统后，可能还需要安装其他系统软件或应用软件，安装硬件驱动程序、设置网络等。这些操作对普通用户来说非常麻烦，因此，应尽量避免重装系统。

由于计算机种类、品牌、型号很多，所用软件性能差异很大，因此，重装系统时会遇到各种各样的实际问题。这里，介绍系统重装的基本流程、基本思路。在实际应用时，用户还可以借助网络查看帮助，或者向专业技术人员请教。

这里，介绍利用老毛桃 U 盘离线安装系统。

1）前期准备工作

在安装或者重装系统前，需要完成以下准备工作。

（1）准备一个存储容量在 8GB 及以上的 U 盘。

（2）备份 U 盘中的重要文件，因为 U 盘启动装机工具制作过程中将格式化 U 盘。

（3）计算机中的部分杀毒软件和安全类软件可能会导致 U 盘启动装机工具制作失败，建议关闭相关软件。

（4）因为安装或重装系统时要格式化 C 磁盘，所以要提前备份桌面文件、文档、C 磁盘等位置的用户资料。

2）制作 U 盘启动装机工具

U 盘启动装机工具可以让计算机启动并进入 Windows PE 系统，然后进行系统安装。Windows PE 系统是轻量 Windows 操作系统，可以把它安装到 U 盘里，当计算机系统无法启动或崩溃时，可以作为紧急启动方式，对计算机进行系统启动、重装或配置操作。

U 盘启动装机工具制作步骤如下：

（1）登录老毛桃官网下载老毛桃 U 盘启动装机工具并安装。

（2）插入 U 盘，启动老毛桃 U 盘启动装机工具，显示其主界面，如图 14-86 所示。

（3）在普通模式选项卡中，选择 U 盘设备名称（一般会自动识别），模式选择 USB-HDD，格式选择"NTFS"，单击"一键制作成 USB 启动盘"按钮，开始制作 U 盘 Windows PE 系统。

制作完成后，可以选择模拟启动测试，如果能够进入老毛桃 Windows PE 主菜单界面，那么表示 U 盘启动装机工具制作成功，以后可以用 U 盘启动计算机。老毛桃 Windows PE 主菜单界面如图 14-87 所示。

3）下载 Windows 镜像文件

在网上搜索并下载 Windows 镜像文件，下载完成后，将下载好的 Windows ISO 或 GHO 镜像文件拷贝到前面制作好的 U 盘启动装机工具中。

上述三大步骤只需要做一次。

图 14-86　老毛桃 U 盘启动装机工具主界面

图 14-87　老毛桃 Windows PE 主菜单界面

4）在 BIOS（基本输入输出系统）中设置从 U 盘启动计算机

（1）插入 U 盘，开机或重启计算机。在计算机启动过程中，按键盘上相应的键（通常是 Delete 键、F2 键或 F12 键）进入 BIOS 设置界面。

（2）寻找启动选项。在 BIOS 设置界面中，找到"Boot"或"启动"选项。

（3）设置 U 盘为首选启动项。在启动选项中，找到"Boot Priority"或"启动顺序"选项，利用键盘上的"↑↓"键选择 U 盘选项，按 Enter 键完成选择。

提示：带有"USB"字样的选项即 U 盘启动项，参考图 14-88。

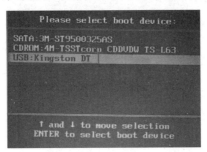

图 14-88　在 BIOS 中设置从 U 盘启动

（4）保存并退出 BIOS。按 F10 键或选择相应的选项保存并退出 BIOS 设置。

5）安装系统

进入老毛桃 Windows PE 主菜单界面后，通过"↑"键和"↓"键选择"【1】启动 Win10×64PE(2G 以上内存)"后，按 Enter 键。

首先，打开老毛桃一键装机软件，在"选择操作"一栏单击"安装系统"选项，在"选择映像文件"一栏单击"打开"按钮，找到事后保存好的 Windows 10 镜像文件并把它打开。最后，选择安装路径（一般为 C 磁盘），单击"执行"按钮，如图 14-89（a）所示。

在图 14-89（b）所示的"老毛桃一键还原"窗口中，勾选所需复选框后，单击"是"按钮。建议用户勾选"网卡驱动 For Win10×64"和"USB 驱动 For Win7"这两个复选框，以免计算机重启后无法使用网络和鼠标。

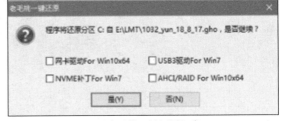

（a）选择安装路径　　　　　　　　　　　（b）"老毛桃一键还原"窗口

图 14-89　安装系统准备工作

Windows 10 系统安装准备工作完成后计算机会自动重启，此时应拔出 U 盘，以免重启时再次进入老毛桃 Windows PE 界面。重启后计算机进入重装系统的第二阶段，此时无须人工操作，等待安装完成即可。如果成功进入 Windows 10 操作系统的桌面，即表明成功安装了 Windows 10 系统。

制作、传播、使用盗版软件是违法行为，因此，用户必须及时激活 Windows 10，使用正版软件。

除了上述方法，重装系统也可以在线进行，还可以从硬盘还原系统。重装系统的工具软件特别多，但原理都差不多。重装系统的工具软件更新速度也非常快，操作越来越简单。但是，在实际应用过程中，由于计算机品牌不同、机型不同、BIOS 不同，因此遇到的问题可能会五花八门。在实际操作时，用户可以借助网络查看文字帮助或相关视频教程，当然，也可以向专业技术人员请教。

建议在装完系统、驱动程序、应用软件并设置完成以后，最好利用系统备份还原软件备份新装的系统，以产生自己特有的镜像文件。在以后恢复系统时，非常方便省时。常见的备份还原软件有 Windows、Ghost、一键还原精灵、老毛桃等。

提示：

镜像文件其实和 ARA 压缩包类似，它将特定的一系列文件按照一定的格式制作成单一的文件，以方便用户下载和使用。本质上，镜像文件就是一个独立的文件，但该文件与其他文件不同，它是由多个文件通过刻录软件或镜像文件制作工具制作而成的。在镜像文件中可以包含更多的信息，如系统文件、引导文件、分区表信息等。这样，镜像文件就可以包含一个分区甚至是计算机的一个硬磁盘上存储的所有信息。

上文中的 BIOS 是英文 "Basic Input Output System" 的缩略词，直译的中文名称是"基本输入输出系统"。BIOS 是个人计算机启动时加载的第一个软件，即开机自检。其实，它是一组固化到计算机内主板一个 ROM 芯片上的程序，它保存着计算机最重要的基本输入输出的程序、开机自检程序和系统自启动程序，它可从 CMOS（互补金属氧化物半导体）芯片中读写系统设置的具体信息，其主要功能是为计算机提供底层的、直接的硬件设置和控制。

登录 BIOS 后，大多数操作为设置密码、优化硬件性能、设置启动设备顺序等。其中以设置启动设备顺序为常用操作，即设置 U 盘启动、光盘启动或硬磁盘启动等。登录 BIOS 的方法是在开机或重启计算机后按下某个键（不同机型，按键不同），比较常见的是 Del 键和 F12 键。关于登录 BIOS 的快捷键，可以在某些软件或网页上查询。

课 后 习 题

（1）简述使用计算机正确的习惯或做法。
（2）简述备份与还原的作用。
（3）简述系统重装的步骤。

项 目 小 结

通过本项目的学习，读者应该掌握操作系统的概念、作用、功能、种类，以及常见操

作系统等知识；必须掌握 Windows 操作系统的基本操作和基本设置；必须养成正确的用机习惯；应该掌握系统备份与还原的方法。

本项目的重点是操作系统的概念、作用、功能、种类，Windows 操作系统基本设置，系统备份还原与重装。本项目的难点是系统备份还原与重装。

作为底层系统软件，操作系统极其重要，读者要掌握相关的理论知识和实践操作。

华为——心系中华，有所作为

华为技术有限公司（简称华为公司）是一家中国的科技公司，成立于 1987 年。其名称取自"心系中华，有所作为"，表示"中华有为"之意，代表着华为公司对中国科技产业发展的期望和自身使命。华为公司在研发和创新方面一直处于领先地位，致力于为全球用户提供高质量、高性能的产品和服务，其产品在国际市场上有广泛的影响力和市场份额，产品性能和服务质量受到全球用户的认可和好评。

作为一家国际知名的科技公司，华为公司通过多方面的努力和创新，在科技创新与研发投入、技术标准制定与贡献、产品品质与市场竞争力、国际合作与贡献等方面为国争光。华为鸿蒙操作系统（Harmony OS）是华为公司自主研发并于 2019 年 8 月发布的操作系统，作为一种全场景、全连接的分布式操作系统，鸿蒙旨在构建统一的软硬件生态系统，为各种设备提供统一的开发平台，从而实现智能终端的快速互联互通。

目前，华为公司已经在一些智能手机、平板电脑、物联网设备等产品中开始使用华为鸿蒙操作系统。此外，华为公司也积极与其他硬件厂商和应用软件开发者合作，推动鸿蒙生态建设。鸿蒙操作系统的推出有助于提升产品竞争力和用户体验感，为中国在全球科技竞争中赢得了声誉，提高了中国在国际舞台上的地位。

华为，中华有所为！大学生必须牢记"振兴中华，有你有我"的历史使命，为实现中华民族伟大复兴的中国梦而努力学习。

自　测　题

选自全国计算机技术与软件专业技术资格（水平）考试信息处理技术员考试往年考题

一、单项选择题

（1）LCD 显示器指的是（　　）。

  A. 阴极射线管显示器　　　　　　　B. 液晶显示器

  C. 彩色图像显示器　　　　　　　　D. 等离子显示器

（2）为获得商品的名称、价格等信息，超市收银员常用（　　）扫描商品上的条形码，其特点是体积小、质量小、便于操作。

  A. 手持式扫描仪   B. 台式扫描仪

  C. POS 机   D. ATM

（3）现在手机主流操作系统属于（　　）。

  A. 嵌入式操作系统   B. 网络操作系统

  C. 多用户操作系统   D. 分时操作系统

（4）Windows 多窗口的排列方式不包括（　　）。

  A. 层叠   B. 阵列   C. 横向平铺   D. 纵向平铺

（5）显示器分辨率调小后，（　　）。

  A. 屏幕上的文字变大   B. 屏幕上的文字变小

  C. 屏幕清晰度提高   D. 屏幕清晰度不变

（6）计算机运行时，（　　）。

  A. 删除桌面上的应用程序图标将导致该应用程序被删除

  B. 删除状态栏上的 U 盘符号将导致 U 盘内的文件被删除

  C. 关闭屏幕显示器将终止计算机操作系统的运行

  D. 一般情况下，关闭应用程序的主窗口将导致该应用程序被关闭

（7）磁盘碎片整理的作用是（　　）。

  A. 将磁盘空碎片连成大的连续区域，提高系统效率

  B. 扫描检查磁盘，修复文件系统的错误，恢复坏扇区

  C. 清除大量没有用的临时文件和程序，释放磁盘空间

  D. 重新划分磁盘分区，形成盘符为 C:和 D:等的逻辑磁盘

（8）在以下维护操作系统的做法中，（　　）是不恰当的。

  A. 及时下载系统更新文件，并安装系统补丁

  B. 必要时运行维护任务，生成维护报告

  C. 必要时检测系统性能，调整系统设置

  D. 每天做一次磁盘碎片整理，提高计算机运行速度

（9）计算机运行一段时间后运行速度一般有所下降，为此需要用优化工具对系统进行优化。系统优化的工作一般不包括（　　）。

  A. 清理垃圾文件 B. 释放缓存   C. 查杀病毒   D. 更换硬件

（10）在下列关于 Windows 文件的说法中，不正确的是（　　）。

  A. 同一目录中允许有不同名但内容相同的文件

  B. 同一目录中允许有不同名且不同内容的文件

  C. 同一目录中允许有同名但不同内容的文件

  D. 不同目录中允许出现同名同内容的文件

（11）在台式计算机的机箱内，风扇主要是为运行中的（　　）散热。

    A. CPU　　　　　　B. 内存　　　　　　C. 磁盘　　　　　　D. 显示器

（12）连接计算机的（　　）一般带有电源插头，由外部电源供电。

    A. 摄像头　　　　　B. 键盘　　　　　　C. 鼠标　　　　　　D. 打印机

（13）硒鼓和墨粉是（　　）的消耗品。

    A. 针式打印机　　　B. 行式打印机　　　C. 喷墨打印机　　　D. 激光打印机

（14）操作系统的功能不包括（　　）。

    A. 管理计算机系统中的资源　　　　　　B. 调度运行程序

    C. 对用户数据进行分析处理　　　　　　D. 提供人机交互界面

（15）在 Windows 操作系统中，控制面板的功能不包括（　　）。

    A. 设置系统有关部分的参数　　　　　　B. 查看系统各部分的属性

    C. 新建、管理和删除文件　　　　　　　D. 为打印机安装驱动程序

（16）Windows 文件名中不允许使用（　　）。

    A. "/"　　　　　　B. "-"　　　　　　C. "."　　　　　　D. "（"和"）"

（17）在 Windows 操作系统的资源管理器中，文件不能按（　　）排序显示。

    A. 名称　　　　　　B. 类型　　　　　　C. 属性　　　　　　D. 修改日期

（18）微型计算机使用一段时间后，出现了以下一些现象，除了（　　），需要对系统进行优化。

    A. 系统磁盘空间不足　　　　　　　　　B. 系统启动时间过长

    C. 系统响应迟钝　　　　　　　　　　　D. 保存的文件越来越多

（19）对系统进行手工优化的工作不包括（　　），人们还常用系统优化工具优化。

    A. 禁用多余的自动加载程序　　　　　　B. 删除多余的设备驱动程序

    C. 终止没有响应的程序　　　　　　　　D. 磁盘清理和整理磁盘碎片

（20）一般而言，文件的类型可以根据（　　）识别。

    A. 文件的大小　　B. 文件的用途　　C. 文件的扩展名　　D. 文件的存放位置

（21）在下列关于快捷方式的叙述中，不正确的是（　　）。

    A. 删除快捷方式不会对源程序或文档产生影响

    B. 快捷方式提供了对常用程序或文档的访问捷径

    C. 快捷方式图标的左下角有一个小箭头

    D. 快捷方式会改编程序文档在磁盘上的存放位置

（22）在 Windows 操作系统中，关于文件夹的描述不正确的是（　　）。

    A. 文件夹是用来组织和管理文件的

    B. "计算机"是一个系统文件夹

    C. 文件夹中可以存放驱动程序文件

    D. 同一文件夹中可以存放两个同名文件

（23）文件 ABC. bmp 存放在 F 磁盘的 T 文件夹中的 G 子文件夹下，它的完整文件标识符是（　　）。

　　A. F:\T\G\ABC　　　　　　　　　B. T:\ABC. Bmp

　　C. F:\T\G\ABC. bmp　　　　　　　D. F:\T:\ABC. bmp

（24）在 Windows 操作系统中，剪贴板是用来在程序和文件之间传输信息的临时存储区，此存储区是（　　）。

　　A. 回收站的一部分　　　　　　　B. 磁盘的一部分

　　C. 内存的一部分　　　　　　　　D. 显存的一部分

（25）对新买的计算机需要记录保存的硬件主要参数中，一般不包括（　　）。

　　A. CPU 型号　　　B. 主存容量　　　C. 磁盘容量　　　D. 鼠标型号

（26）计算机主机箱上的 VGA 接口用于连接（　　）。

　　A. 键盘　　　　　B. 鼠标　　　　　C. 显示器　　　　D. 打印机

（27）扫描仪的主要技术指标不包括（　　）。

　　A. 分辨率　　　　B. 扫描幅面　　　C. 扫描速度　　　D. 缓存容量

（28）计算机操作系统的功能一般不包括（　　）。

　　A. 管理计算机系统的资源　　　　B. 调度控制程序的执行

　　C. 实现用户之间的相互交流　　　D. 方便用户操作

（29）Windows 控制面板的功能不包括（　　）。

　　A. 添加打印机　　　　　　　　　B. 卸载不再需要的应用程序

　　C. 升级操作系统版本　　　　　　D. 查看网络状态和任务

（30）在下列关于全角和半角的叙述中，（　　）不正确。

　　A. 半角字符指小写字母和汉字简体，全角字符指大写字母和汉字繁体

　　B. 在屏幕上，全角字符显示的宽度为半角字符的两倍

　　C. 在磁盘内存储的文档中，每个半角字符占用一个字节

　　D. 在磁盘内存储的文档中，每个全角字符占用两个字节

（31）静电对计算机设备的危害较大。静电与机房环境的（　　）关系很大。

　　A. 温度太低　　　B. 湿度太低　　　C. 灰尘太大　　　　D. 电磁场太强

（32）在计算机使用过程中需要注意的事项不包括（　　）。

　　A. 不要让液体流入计算机设备内

　　B. 不要同时打开太多应用程序，用完后及时关闭程序

　　C. 不要同时运行多种杀毒软件

　　D. 不要用同一种 Office 软件同时处理多个文档

（33）计算机使用一段时间后，系统磁盘空间不足，系统启动时间变长，系统响应延迟，应用程序运行缓慢。为此，需要对系统进行优化。系统优化工作一般不包括（　　）。

　　A. 终止没有响应的程序　　　　　B. 减少开机次数

　　C. 加大虚拟内存　　　　　　　　D. 磁盘清理和磁盘碎片整理

（34）在下列选项中，不属于计算机外部设备的是（   ）。

    A. CPU   B. 摄像头   C. 移动磁盘   D. 打印机

（35）下列选项中，不属于计算机日常维护性操作的是（   ）。

    A. 删除 Internet 临时文件   B. 对磁盘进行文件碎片整理

    C. 对重要文件进行备份   D. 更换 Windows 桌面主题

（36）在 Windows 操作系统的回收站中，可以恢复（   ）。

    A. 被剪切的文档段落   B. 从磁盘中删除的文件或文件夹

    C. 从 U 盘中删除的文件或文件夹   D. 从光盘中删除的文件或文件夹

（37）在 Windows 操作系统中，回收站是（   ）。

    A. 内存中的一部分存储区域   B. 磁盘上的一部分存储区域

    C. 主板上的一块存储区域   D. CPU 高速缓冲存储器的一部分区域

（38）下列选项中，不属于网络操作系统的是（   ）。

    A. UNIX   B. DOS

    C. Linux   D. Windows Server 2022

（39）在 Windows 操作系统中，（   ）是一个合法的文件名。

    A. ABC DEF. DLL   B. 城建*. Rar

    C. 机电<城建   D. 机电|信息

（40）（   ）不是合法的可执行文件的扩展名。

    A. exe   B. com   C. rar   D. bat

（41）在删除文件时，将（   ）键和 Del 键组合同时按下，将彻底删除此文件。

    A. Ctrl   B. Alt   C. Shift   D. Ctrl+Alt

（42）下列操作系统中，不是图形界面操作系统的是（   ）。

    A. iOS   B. DOS   C. Android   D. Windows

（43）在 Windows 操作系统中，利用（   ）可以截图。

    A. Num Lock   B. PrintScreen   C. CapsLk   D. Alt+A 组合键

（44）所谓磁盘碎片是指磁盘使用一段时间后，（   ）。

    A. 损坏的部分（碎片）越来越多

    B. 因多次建立、删除文件，磁盘上留下的很多可用的小空间

    C. 多次下载保留的信息块越来越多

    D. 磁盘的目录层次越来越多，越来越细

（45）下列（   ）是 Windows 操作系统下可执行文件的扩展名。

    A. xls   B. dll   C. exe   D. rmvb

项目 15　WPS 新增功能简介（自学）

项目导读

　　作为国产优秀软件，WPS（本书以 WPS 2019 为例）除了文字处理、电子表格、多媒体演示等基本功能模块，还新增了 PDF 文件操作、流程图制作、脑图制作、图片海报设计、表单制作等功能模块。WPS 还在不断地推出新增功能模块。

　　本项目对 WPS 新增功能模块进行简单介绍，有些模块需要互联网支持。

知识框架

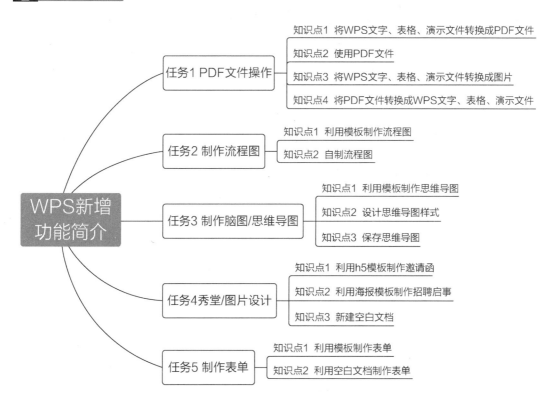

任务 1　PDF 文件操作

 任务导入

　　PDF 文件是非常流行的电子文档之一，PDF 文件可以与文字、表格、演示文件等进行转换。使用 PDF 文件的好处是文稿的版面不会因为设备或软件的不同而变化，此外，加密的 PDF 文件可以防止文档被非法复制使用。PDF 文件统一了文档格式，它是目前最流行的电子文档格式。

 学习目标

　　（1）掌握将 WPS 文字、表格和演示文件转换成 PDF 文件的方法。
　　（2）熟练掌握使用 PDF 文件的方法。
　　（3）掌握将 WPS 文字、表格和演示文件转换成图片的方法。
　　（4）掌握将 PDF 文件转换成 WPS 文字、表格和演示文件的方法。

任务实施

　　1. 将 WPS 文字、表格和演示文件转换成 PDF 文件

　　打开目标文件，单击"文件"菜单命令→"输出为 PDF 格式"菜单命令→"开始输出"按钮，操作步骤如图 15-1 所示。

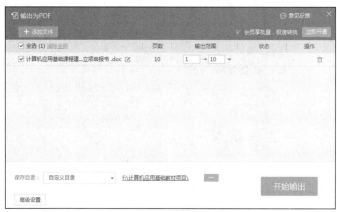

（a）将 WPS 文字转换成 PDF 文件

图 15-1　操作步骤

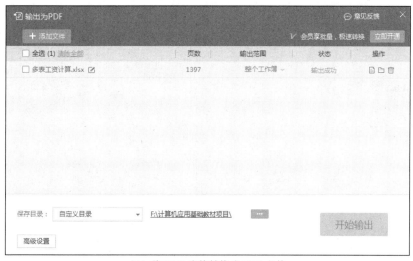

（b）将 WPS 表格转换成 PDF 文件

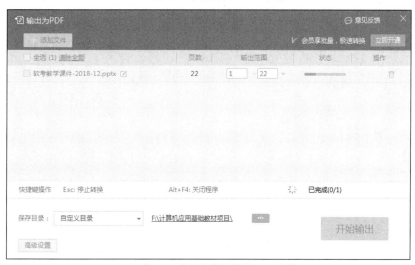

（c）将 WPS 演示文件转换成 PDF 文件

图 15-1 操作步骤（续）

在"输出为 PDF"界面中，单击"高级设置"按钮，显示"高级设置"对话框。在"高级设置"对话框中，可以设置各种权限，如图 15-2 所示。

2. 使用 PDF 文件

1）浏览 PDF 文件

打开 PDF 文件，可以看到图 15-3 所示的各类工具按钮，利用这些按钮翻阅 PDF 文件。

（a）将 WPS 文字转换成 PDF 文件的高级设置　　（b）将 WPS 表格转换成 PDF 文件的高级设置

（c）将 WPS 演示文件转换成 PDF 文件的高级设置

图 15-2　在"高级设置"对话框中设置各种极限

（a）拖拽平移、旋转文档等工具按钮

（b）缩放工具按钮

（c）翻页浏览模式工具按钮

图 15-3　各类工具按钮

2）打印 PDF 文件

打开 PDF 文件，单击"打印"按钮，显示"打印"对话框。在该对话框中设置打印项目，如图 15-4 所示。

图 15-4　在"打印"对话框中设置打印项目

3. 将 WPS 文字、表格和演示文件转换成图片

打开目标文件，单击"文件"菜单命令→"输出为图片"菜单命令，显示"输出为图片"界面，如图 15-5 所示。在该界面依次选择"输出方式"、"格式"和"保存到"等选项，单击"确定"按钮即可。

4. 将 PDF 文件转换成 WPS 文字、表格和演示文件

打开 PDF 文件，单击"转为 Word/Excel/PPT"命令，可以将 PDF 文件转换成 Word/Excel/PPT，操作界面如图 15-6 所示。

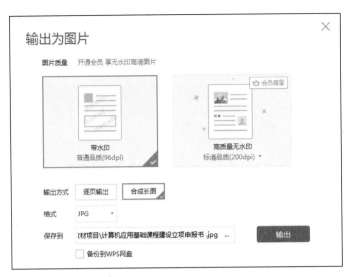

图 15-5　"输出为图片"界面

（a）将 PDF 文件转换成 Word 文件

（b）将 PDF 文件转换成 Excel 文件

图 15-6　操作界面

（c）将 PDF 文件转换成 PPT

图 15-6 操作界面（续）

课 后 习 题

（1）打开素材中的 WPS 文字、表格和演示文件，将它们转换成 PDF 文件。

（2）将习题（1）产生的 PDF 文件转换成 WPS 文字、表格和演示文件。

（3）打开素材中的 WPS 文字、表格和演示文件，将它们转换成图片。

任务 2　制作流程图

WPS 流程图模块提供大量的模板，利用这些模板可以快速地制作用户所需要的流程图。

（1）掌握利用模板制作流程图的方法。
（2）掌握自制流程图的方法。

任务实施

1. 利用模板制作流程图

在 WPS 主界面单击"新建"按钮→"流程图"（见图 15-7）选项，显示大量模板。

图 15-7　新建流程图

单击"更多模板"选项：可以显示更多的模板。选择某个模板，然后单击"使用该模板"，进入编辑界面，如图 15-8 所示。

根据用户需要修改流程图，然后保存。

2. 自制流程图

在 WPS 主界面单击"新建"按钮→"流程图"选项→"新建空白图"命令，显示空白图编辑界面，如图 15-9 所示。利用该界面左侧的工具绘制图形。

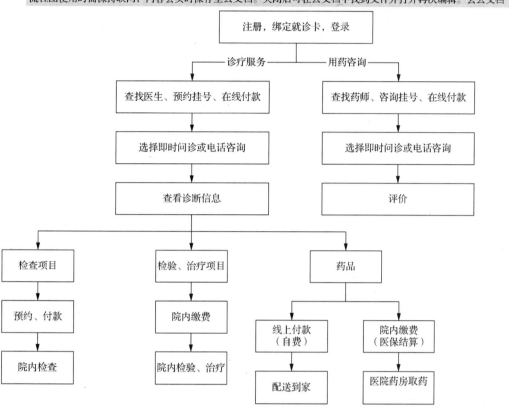

图 15-8　流程图模板编辑界面

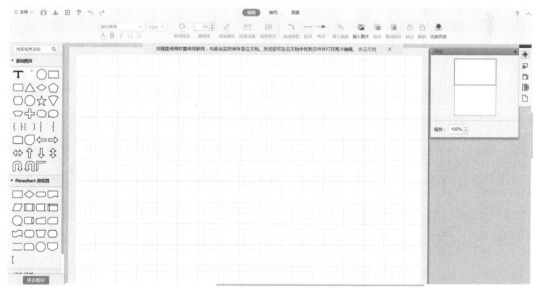

图 15-9　空白图编辑界面

课 后 习 题

（1）利用系统自带的模板创建流程图，具体内容自选。

（2）利用"新建空白图"命令创建流程图，具体内容自选。

任务 3 制作脑图/思维导图

 任务导入

李老师要参加××省高校教师微课教学比赛，为了使参赛各项工作有序展开，需要制作脑图/思维导图。初步制作的脑图/思维导图如图 15-10 所示。

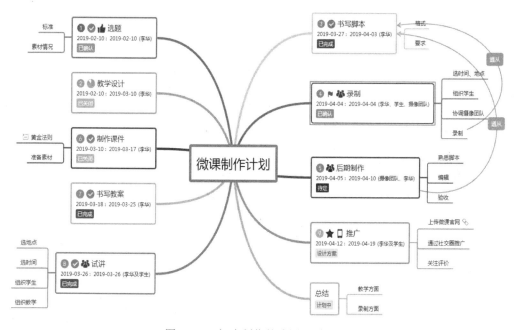

图 15-10 初步制作的脑图/思维导图

学习目标

（1）掌握利用模板制作脑图/思维导图的方法。
（2）能够设计思维导图样式。
（3）能够保存思维导图。

▼ 任务实施

1. 利用模板制作思维导图

在"新建文件"界面单击 图标，显示思维导图模板界面。

选择一种模板，单击"使用此模板"命令，显示思维导图编辑界面，如图 15-11 所示。

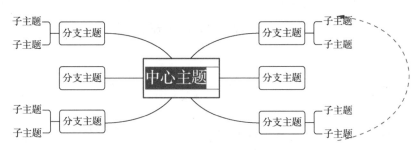

图 15-11　思维导图编辑界面

1）编辑思维导图的内容

单击"插入"选项卡，显示插入类工具按钮，如图 15-12 所示。

图 15-12　插入类工具按钮

若要删除思维导图中的某个元素则可单击该元素，然后按 Delete 键。最终效果如图 15-13 所示。

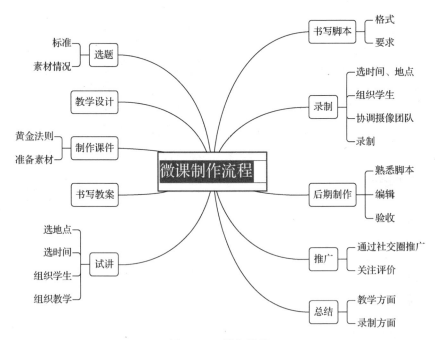

图 15-13　最终效果

2）插入关联主题

选中关联的开始节点，单击"插入"选项卡→"关联"命令，选中与之关联的其他主题，插入关联主题后的效果如图 15-14 所示。

图 15-14 插入关联主题后的效果

调整关联线的形状，设置关联标题文字，效果如图 15-15 所示。

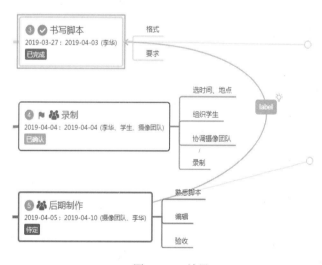

图 15-15 效果

3）插入图片

选中节点，单击"插入"选项卡→"图片"选项，显示"插入图片"界面，如图 15-16 所示。

4）插入标签

选中节点，单击"插入"选项卡→"标签"选项，显示"插入标签"界面，如图 15-17 所示。然后，单击"可添加标签"或"输入文本，回车新建标签"命令。

图 15-16 "插入图片"界面

图 15-17 "插入标签"界面

5）插入任务

选中节点，单击"插入"选项卡→"任务"选项，显示"插入任务"界面，如图 15-18 所示。在该界面选择任务的优先级、任务完成进度、任务开始日期和结束日期，输入负责人姓名。

图 15-18 "插入任务"界面

6）插入链接

选中节点，单击"插入"选项卡→"链接"命令，显示"插入链接"界面，如图 15-19 所示。在输入链接地址和显示标题后单击"添加"按钮。

图 15-19 "插入链接"界面

7）插入备注

选中节点，单击"插入"选项卡→"备注"选项，显示"插入备注"界面，如图 15-20

所示。其中的左图是输入备注界面，右图是显示备注界面。

图 15-20　"插入备注"界面

8）插入图标

选中节点，单击"插入"选项卡→"图标"或"更多图标"选项。"插入图标"界面如图 15-21 所示。

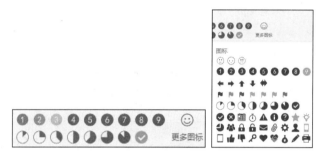

图 15-21　"插入图标"界面

经过上述编辑，得到图 15-22 所示的最终思维导图。

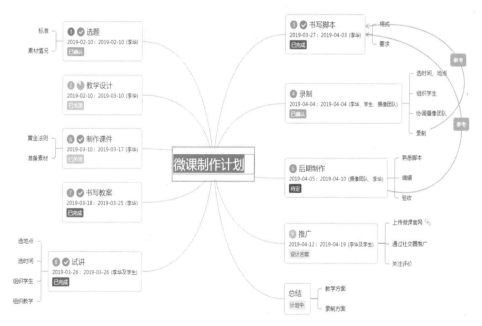

图 15-22　最终思维导图

2. 设计思维导图样式

单击"样式"选项卡，显示样式工具按钮，如图 15-23（a）所示。

这里，主要介绍一下"主题风格"工具。单击"主题风格"工具按钮，显示"主题风格"界面，如图 15-23（b）所示。

（a）样式工具按钮

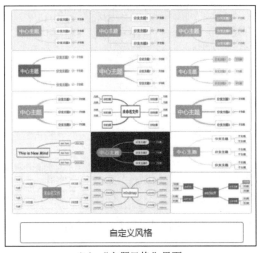

（b）"主题风格"界面

图 15-23　样式工具按钮和"主题风格"界面

选择其中的一种风格，最后得到的思维导图样式如图 15-24 所示。

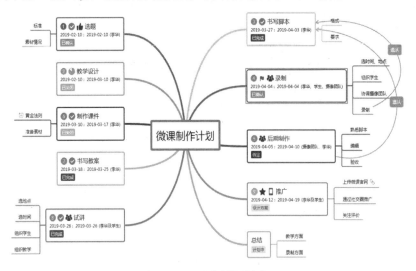

图 15-24　思维导图样式

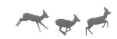

3. 保存思维导图

单击“文件”→“下载”命令，显示“下载”子菜单，如图 15-25 所示。

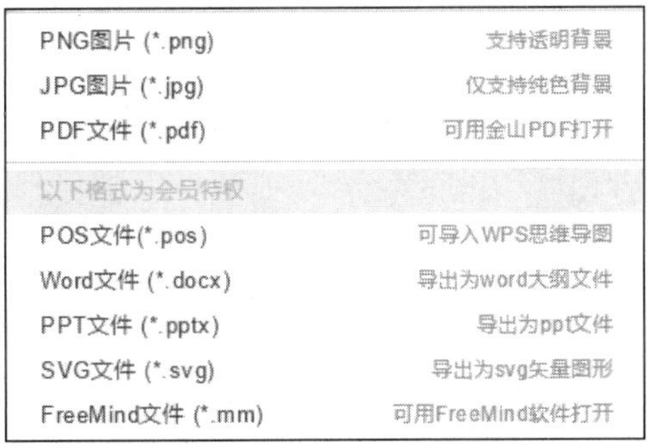

PNG图片 (*.png)
支持透明背景
JPG图片 (*.jpg)
仅支持纯色背景
PDF文件 (*.pdf)
可用金山PDF打开
以下格式为会员特权
POS文件(*.pos)
可导入WPS思维导图
Word文件 (*.docx)
导出为word大纲文件
PPT文件 (*.pptx)
导出为ppt文件
SVG文件 (*.svg)
导出为svg矢量图形
FreeMind文件 (*.mm)
可用FreeMind软件打开

图 15-25　“下载”子菜单

选择相关菜单项，即可保存。也可以单击“文件”→“重命名”菜单命令，将文件“保存到 WPS 云文档”，以便以后编辑修改。

若想打开所制作的思维导图，可进入“脑图”界面，单击“导入思维导图”→“添加文件”命令，选择扩展名是 pos 的文件，就可以打开文件进行编辑修改，最后选择另存为或导出。

文件导入
选择您要导入的文件
+ 添加文件
新建空白图
导入思维导图
目前支持导入的文件类型：
TXT
pos
文件导入为免费功能，部分格式导出为会员专享

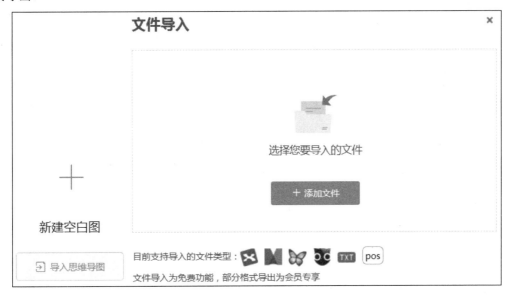

图 15-26　打开文件

课 后 习 题

试制作图 15-27 所示的组织结构图。

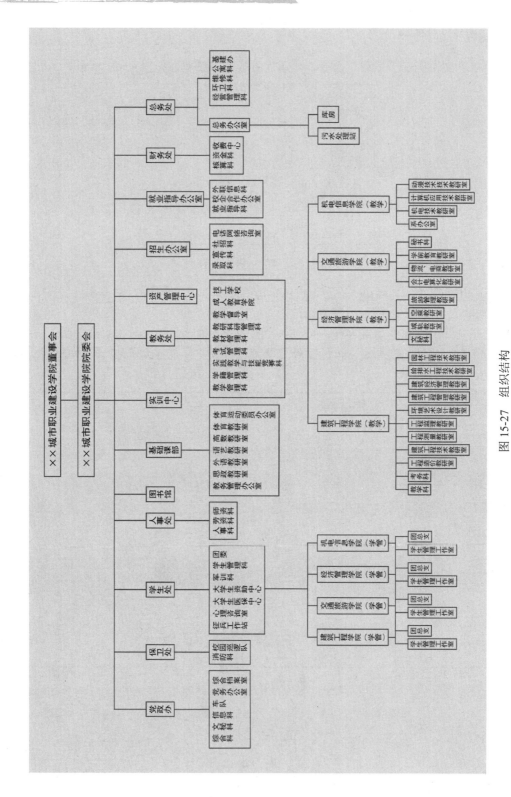

图 15-27 组织结构

任务 4　秀堂/图片设计

任务导入

应用案例 1：

李钢和李菲定于 2023 年 8 月 8 日结婚，要向亲朋好友发送邀请函。请利用 WPS 秀堂功能制作一个多媒体邀请函，通过手机把邀请函发送到社交圈。邀请函参考效果如图 15-28 所示。

应用实例 2：

某学院计划招聘教职工，请制作招聘启事，通过手机把招聘启事发送到社交圈。招聘启事参考效果如图 15-29 所示。

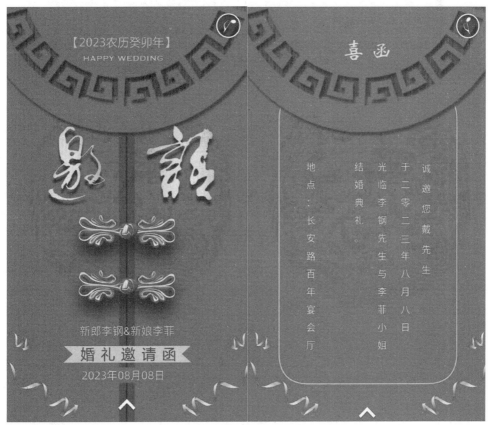

（a）邀请函封面和封底

图 15-28　邀请函内页正文

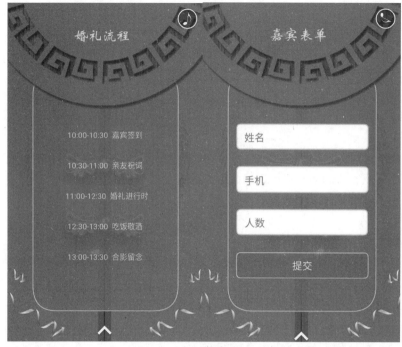

（b）末页

图 15-28　邀请函内页正文（续）

图 15-29　招聘启事参考效果

WPS 秀堂设计软件可用于制作集图片、动画、音乐和动态元素等为一体的 HTML 5 文档，并且可以方便地把 WPS 秀堂发布到社交圈。利用 WPS 图片设计/海报设计功能，可以方便、快速地制作电子海报，并且可以一键分享到社交圈。

（1）能够利用 h5 类型作品模板制作邀请函。
（2）能够利用海报模板制作招聘启事。
（3）能够利用工具新建空白文档。

任务实施

WPS 秀堂是金山公司针对移动社交产品发展趋势倾力打造的一款面向普通用户的 h5 类型作品制作软件。WPS 秀堂提供大量 h5 类型作品模板，用户通过简单图文替换，即可实现图文音乐的自由组合，快速生成具备丰富动画效果的在线 HTML5 页面，一键分享到社交网络。同时，WPS 秀堂还可以帮助用户监测传播效果，满足用户的移动传播需求。

1. 利用 h5 模板制作邀请函

进入 WPS 秀堂界面，将显示模板。
单击"更多免费模板"选项，可以看到在线模板。
选择其中的一种模板，单击"立即使用"按钮，显示编辑界面，如图 15-30 所示。在编辑界面中可以修改文字、图片、音乐等，还可以添加形状、图片、表单、背景、互动、音乐、图表、动画等（见图 15-31—图 15-38）。

图 15-30　使用模板

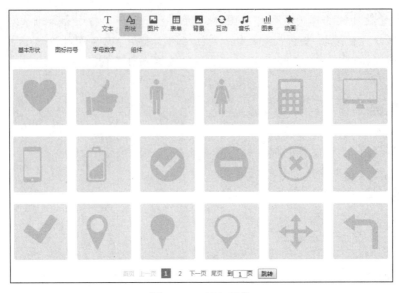

图 15-31　插入形状

图 15-32　插入图片

T	△	🖼	🗒	🖼	↻	♫	⏸	★
文本	形状	图片	表单	背景	互动	音乐	图表	动画

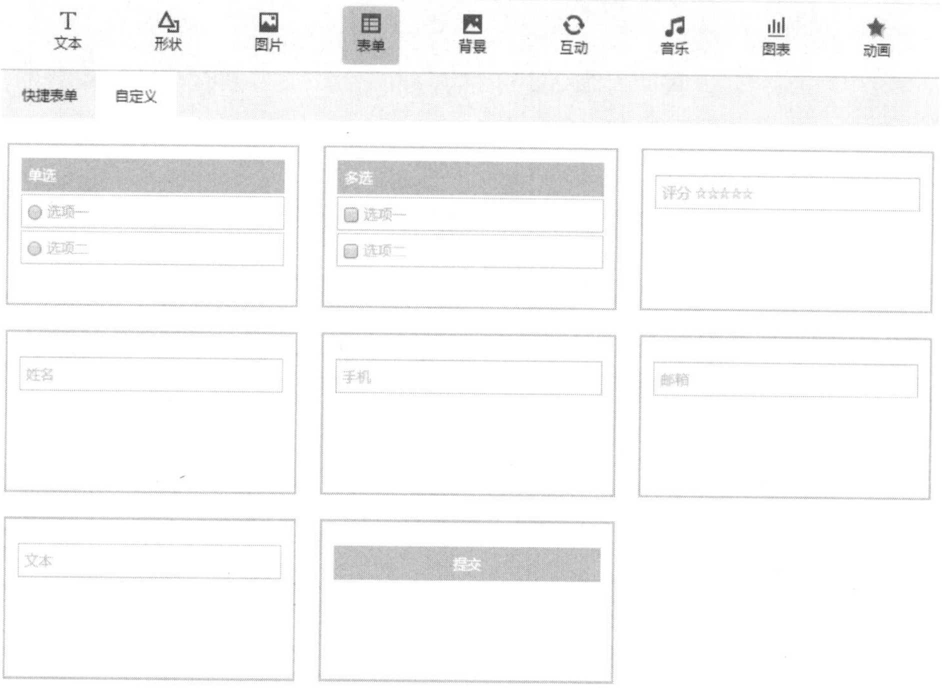

快捷表单　　自定义

单选	多选	评分 ☆☆☆☆☆
⚪ 选项一	☐ 选项一	
⚪ 选项二	☐ 选项二	

姓名	手机	邮箱

文本	提交

图 15-33　插入表单

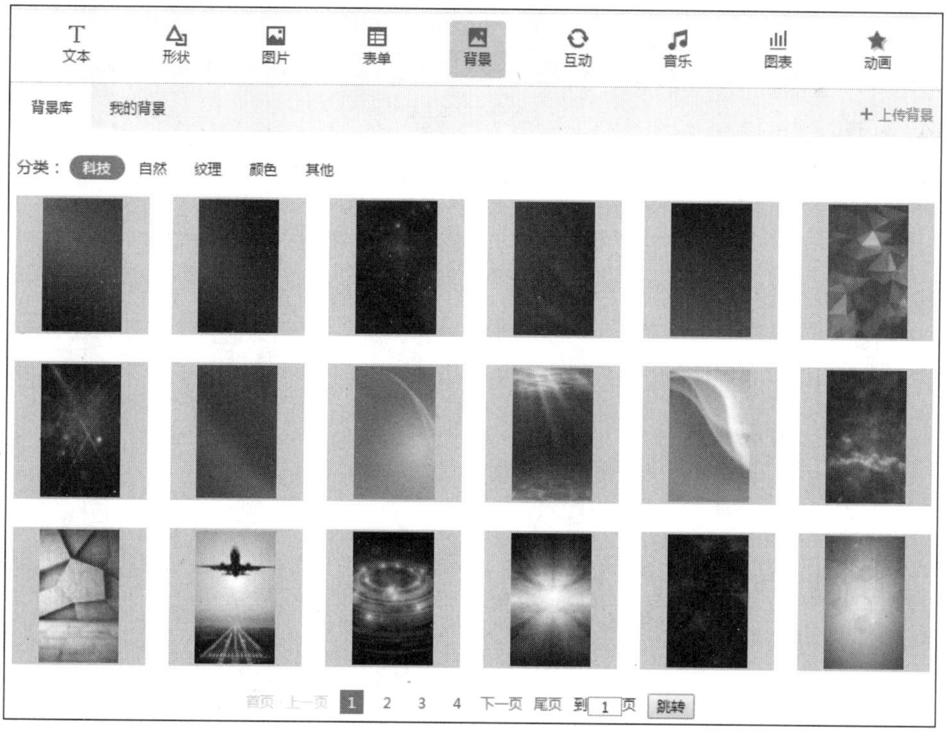

T	△	🖼	🗒	🖼	↻	♫	⏸	★
文本	形状	图片	表单	背景	互动	音乐	图表	动画

背景库　　我的背景 　　　　　　　　　　　　　　　　　　　　　＋上传背景

分类：　科技　自然　纹理　颜色　其他

首页　上一页　**1**　2　3　4　下一页　尾页　到 1 页　跳转

图 15-34　插入背景

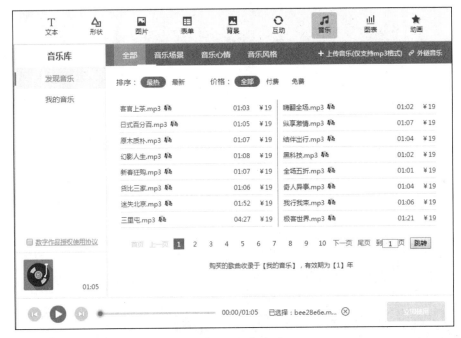

图 15-35　添加互动

图 15-36　添加音乐

图 15-37　添加图表

图 15-38　添加动画

所有内容设置完成后，单击右上角的 预览/发布 按钮，显示分享界面，如图 15-39 所示。

图 15-39　分享界面

可以在该界面设置分享信息，包括标题和描述；可以用微信扫二维码，把邀请函分享到社交圈；可以"复制链接地址分享"。

分享到手机上的效果如图 15-40 所示。

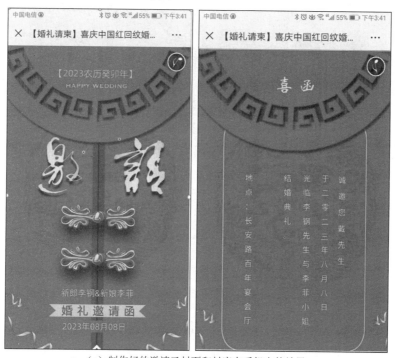

（a）制作好的邀请函封面和封底在手机上的效果

图 15-40　制作好的邀请函在手机上的效果与分享

（b）制作好的内页正文在手机上的效果

（c）分享

图 15-40　制作好的邀请函在手机上的效果与分享（续）

在微信中搜索"h5"（见图 15-41），可以看到很多制作 h5 类型作品的途径。选择其中一种途径（见图 15-42），也可以快速方便地制作集图、文、声音、动画等多媒体元素为一体的宣传作品，并分享到社交圈。主界面如图 15-43 所示，修改与发布界面如图 15-44 所示。此处省略具体步骤。

图 15-41　搜索"h5"　　　　　图 15-42　选择一种途径　　　　　图 15-43　主界面

图 15-44　修改与发布界面

2. 利用海报模板制作招聘启事

打开 WPS 秀堂界面，显示海报模板。

选中一个模板，单击"立即使用"命令，编辑海报内容，如图 15-45 所示。

图 15-45　编辑海报内容

最后分享海报。

3. 新建空白文档

打开 WPS 秀堂界面后，单击"新建空白文档"菜单命令，显示"选择画册类型"界面，如图 15-46 所示。

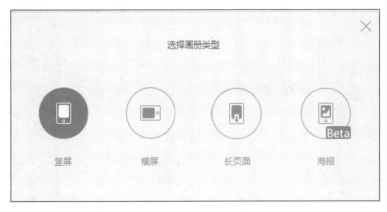

图 15-46　"选择画册类型"界面

选择前三种类型，可以制作 h5 类型画册，其编辑界面如图 15-47 所示。

选择第四种类型，可以制作海报，海报编辑界面如图 15-48 所示。

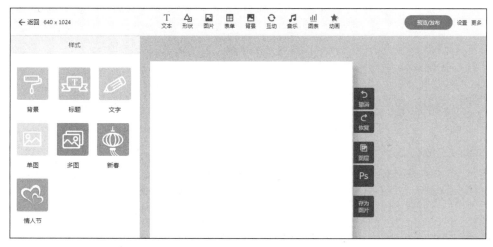

图 15-47　h5 类型画册编辑界面

图 15-48　编辑海报界面

课 后 习 题

（1）完成"任务导入"中的两个实例，分享到自己的社交圈。

（2）自己设计制作一个动态电子海报，分享到自己的社交圈。

任务5 制作表单

WPS表单类似于调查问卷，利用这个工具可以快速制作各类表单，并且发送给目标群体填写，用于收集数据，分析数据。利用 WPS 表单资料时，填写者看不到其他人在该表单上填写的资料。在日常工作中经常需要制作表单，这是很重要的技能之一。

学习目标

（1）掌握利用模板制作表单的方法。
（2）掌握利用空白文档制作表单的方法。

任务实施

WPS 表单可以用于统计订单、收集信息，类似于调查问卷。WPS 表单利用多层加密技术确保数据安全，所收集内容仅创建者可见。

1. 利用模板制作表单

在 WPS 主界面单击"新建"菜单命令→"表单"选项，显示模板。
选择其中的一种模板，进入编辑表单界面，如图 15-49 所示。

图 15-49　编辑表单界面

利用该界面左侧的工具可以添加题目。全部题目设置完成以后，可以单击右上角的"发起群收集"按钮，新建群、邀请群成员。

也可以设置提醒及收集周期，如图 15-50 所示。

图 15-50　设置提醒及收集周期

单击"完成创建"命令，将显示"创建完成，分享给好友填写"界面，如图 15-51 所示。

图 15-51　"创建完成，分享给好友填写"界面

表单创建者与发起人可以随时查看目前填写的结果，查看结果如图 15-52 所示。

2. 利用空白文档制作表单

利用空白文档制作表单步骤与上述步骤基本相同，此处省略。

| 数据统计 | 答卷详情 | 表单问题 | 设置 | | 分享 邀请填写 | S 查看数据汇总表 |

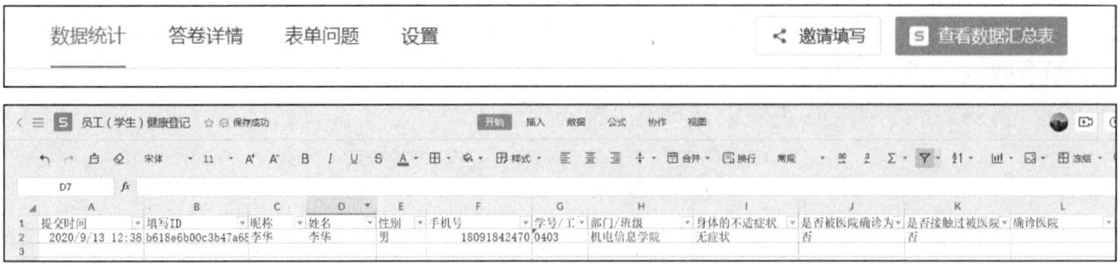

图 15-52　查看结果

课 后 习 题

（1）利用模板"通信录收集表"制作表单，发布表单，请他人填写，观察结果，导出结果。

（2）利用空白文档制作表单，具体内容自己确定，发布表单，请他人填写，观察结果，导出结果。

项 目 小 结

本项目介绍 WPS 新增功能，包括 PDF 文件操作、制作流程图、制作思维导图、WPS 秀堂/海报设计、WPS 表单制作，这些内容非常实用。通过本项目的学习，读者应掌握 WPS 新增功能的使用。当然，WPS 的功能会逐渐增多，读者可以通过自学掌握更多新增功能的应用。

((•)) 课程思政

走出"舒适圈"，不断创新发展，实现中国梦想

WPS 是由北京金山办公软件股份有限公司（简称金山公司）自主研发的一款办公软件套装，从 1988 年的 WPS 1.0 到现在的 WPS 2023，从 DOS 系统到 Windows 操作系统和鸿蒙操作系统，从单一的文字处理到集文字处理、电子表格、演示文件、思维导图、流程图、海报、表单等为一体的桌面办公软件，从电脑端到智能移动端，从国内市场到国际市场，从本地存储到云存储，WPS 的发展历程充满了挑战与创新。它见证了中文办公软件行业的发展历程，也为中国软件产业的崛起做出了重要贡献。创新使得 WPS 在竞争激烈的办公软件市场中保持领先地位，免费使用又使 WPS 用户迅速增长。

对于每个有志之士，走出"舒适圈"并不断创新是非常重要的。勇于尝试新事物、接

受挑战、不断学习、寻求反馈、创新思维、合作与分享、保持积极心态等做法，可以帮助我们实现这一目标。走出"舒适圈"并不断创新可以挖掘自己的潜力，取得更大的成功。

当代大学生要以华为公司、金山公司等著名的企业为榜样，要经常关注这些企业的发展动态并从中汲取营养。在以后的学习和工作中，要勇于走出"舒适圈"并不断创新，展现自己的才华。

自 测 题

（1）简述 PDF 文件的作用、优点和转换方法。

（2）简述 WPS 思维导图的制作方法。

（3）简述利用 WPS 表单收集信息和利用 WPS 在线表格收集信息的区别。

附录 模拟题

一、单项选择题（本大题共 10 道小题，每道小题 1 分，共 10 分）

（1）网络攻击的主要方式不包括（　　）。

　　A. 缓冲区溢出攻击　　　　　　　　B. 特洛伊木马程序

　　C. 系统磁盘攻击　　　　　　　　　D. 网络监听

（2）项目的生存周期不包括（　　）。

　　A. 建设　　　　　B. 立项　　　　　C. 管理　　　　　D. 需求分析

（3）RPA 的优点不包括（　　）。

　　A. 人性化　　　　B. 跨系统　　　　C. 效率高　　　　D. 成本低

（4）以下说法错误的是（　　）。

　　A. 在现实生活中，每个具体事物，都是对象。

　　B. 在现实生活中，每个对象都有自己的特性，即属性。

　　C. 对象识别和响应的操作称为事件，事件发生时，对象执行的操作称为方法。

　　D. 一类对象具有完全共同的属性值。

（5）目前，和普通老百姓应用最密切的技术是（　　）。

　　A. 虚拟现实　　　B. 大数据　　　　C. 人工智能　　　D. 程序设计

（6）人工智能最核心成分的是（　　）。

　　A. 场景分析　　　B. 经济效益　　　C. 伦理法律　　　D. 软件开发

（7）共享单车、智能家居等应用实际上是（　　）。

　　A. 互联网+　　　　B. 物联网　　　　C. 大数据　　　　D. 云计算

（8）使用虚拟现实、增强现实都必须（　　）。

　　A. 熟悉编程　　　　　　　　　　　B. 佩戴特制眼镜

　　C. 使用智能手机　　　　　　　　　D. 佩戴手环

（9）默认情况下，Word 文件或 WPS 文件的扩展名是（　　）。

　　A. WPS　　　　　B. PDF　　　　　C. DOCX　　　　D. TXT

（10）作为国产优秀软件，WPS 新增了 PDF、流程图、脑图、图片设计、表单等功能模块，其中可用于在线收集信息的是（　　）。

　　A. 表单　　　　　B. 脑图　　　　　C. 流程图　　　　D. PDF

二、多项选择题（本大题共 10 道小题，每道小题 2 分，共 20 分）

（1）生物特征识别技术主要包括（　　）。
  A. 服饰识别技术　　　　　　　　B. 语音识别技术
  C. 面孔识别技术　　　　　　　　D. 指纹识别技术

（2）项目管理包括（　　）。
  A. 人员管理　　　B. 进度管理　　　C. 风险管理　　　D. 资金管理

（3）RPA 软件实现流程自动化的方式是（　　）。
  A. 硬件仿造　　　B. 模拟　　　C. 软件开发　　　D. 衔接/增强

（4）以下属于高级程序设计语言的是（　　）。
  A. Python　　　B. C 语言　　　C. Java　　　D. VB

（5）以下属于数据分析常用软件的是（　　）。
  A. Python　　　B. Excel　　　C. SPSS　　　D. C++

（6）人工智能技术包括但不限于（　　）。
  A. 自然语言送出　　　　　　　　B. 图像识别
  C. 机器学习　　　　　　　　　　D. 神经网络

（7）数字媒体和传统媒体的区别有（　　）。
  A. 传播状态发生变化　　　　　　B. 传播方式的不同
  C. 传播目的的多元化　　　　　　D. 传播范围的无限性

（8）虚拟现实系统根据交互性和沉浸感以及用户参与形式的不同一般分为（　　）。
  A. 桌面式 VR 系统　　　　　　　B. 沉浸式 VR 系统
  C. 增强式 VR 系统　　　　　　　D. 分布式 VR 系统

（9）区块链的基础属性有（　　）。
  A. 智能合约　　　　　　　　　　B. 表示价值所需要的唯一性
  C. 分布式　　　　　　　　　　　D. 去中心化自组织

（10）以下软件不是操作系统的是（　　）。
  A. Harmony OS　　　B. iOS　　　C. WPS　　　D. MySQL

三、判断正误题（本大题共 10 道小题，每道小题 1 分，共 10 分）

（1）只要正确规范地使用计算机，那就绝对安全，不需要备份资料。　　　　（　　）
（2）在信息时代，项目管理需要借助计算机软件开展管理工作。　　　　　（　　）
（3）RPA 必定代替人类。　　　　　　　　　　　　　　　　　　　　　（　　）
（4）Python 主要用于数据库中的数据处理。　　　　　　　　　　　　　（　　）
（5）大数据分析的第一步工作是数据可视化。　　　　　　　　　　　　　（　　）
（6）人工智能必定代替全人类的工作。　　　　　　　　　　　　　　　　（　　）
（7）目前，随着各种 IT 技术的迅速更新，数字媒体已近完全代替传统媒体。

（　　）

（8）混合现实的英文简称为 MR，是虚拟现实技术的进一步发展，该技术通过在现实场景呈现虚拟场景信息，在现实世界、虚拟世界和用户之间搭起一个交互反馈的信息回路。

（　　）

（9）在 Windows 操作系统中，右击桌面上"此电脑"图标，单击"属性"菜单命令，利用打开的"系统"窗口可以查看计算机系统信息。　　　　　　　　　　（　　）

（10）WPS 文字、表格和演示文件可以和 PDF 文件相互转换。　　　　　（　　）

四、填空题（本大题共 10 道小题，每道小题 1 分，共 10 分）

（1）特洛伊木马程序攻击步骤是_____、传播木马、启动木马、建立连接、远程控制。

（2）计算机软件开发项目管理涉及的学科是_____。

（3）RPA 的中文意思是_____。

（4）程序设计思想有结构化程序设计思想和_____思想。

（5）大数据的"4V"特征是 Volume、Variety、Velocity、_____。

（6）人工智能英文简写是_____。

（7）_____文本,是用二进制数"0"和"1"在电子设备上表现的字符信息。它由一系列"字符"组成，每个字符均使用二进制编码表示。它是计算机处理人类信息的一个基本方面。

（8）增强现实，英文简称是（　　），它是在虚拟现实的基础上发展起来的一种将真实世界信息和虚拟世界信息无缝集成的新技术，将计算机生成的虚拟信息叠加到现实中的真实场景，以对现实世界进行补充，使人们在视觉、听觉、触觉等方面增强对现实世界的体验。

（9）打开 Windows 运行对话框的快捷键是_____。

（10）在日常使用过程中，如果计算机出现卡顿、死机等现象，可以尝试按 Ctrl+Alt+Delete 组合键调出_____，以结束任务。

五、名词解释（本大题共 5 道小题，每道小题 3 分，共 15 分）

（1）云计算。
（2）虚拟现实。
（3）区块链。
（4）操作系统。
（5）表单。

六、简答题（本大题共 5 道小题，每道小题 5 分，共 25 分）

（1）简述计算机信息安全对策。
（2）简述项目管理的内容。

（3）简述大数据的核心特征。

（4）简述 5G 技术特征。

（5）简述数字媒体和媒体的区别。

七、论述题（本大题共 1 道小题，每道小题 10 分，共 10 分）

先总结自己在本课程知识、技能、素质方面的收获，再结合自己的专业，分析讨论信息技术在自己专业领域中的应用。

参 考 文 献

[1]   （美）威廉·斯托林斯，等著. 现代网络技术：SON，NFV，QoF、物联网和云计算[M]. 胡超，邢长友，陈鸣 译.
       北京：机械工业出版社，2018.
[2]   许子明，田杨锋. 云计算的发展历史及其应用[J]. 信息记录材料，2018，19（8）：66-67.
[3]   罗晓慧. 浅谈云计算的发展[J]. 电子世界，2019，（8）：104.
[4]   赵斌. 云计算安全风险与安全技术研究[J]. 电脑知识与技术，2019，15（2）：27-28.
[5]   何志红，孙会龙. 虚拟现实技术概论[M]. 北京：机械工业出版社，2021.
[6]   李文军. 计算机云计算及其实现技术分析[J]. 军民两用技术与产品，2018，（22）：57-58.
[7]   王雄. 云计算的历史和优势[J]. 计算机与网络，2019，45（2）：44.
[8]   王德铭. 计算机网络云计算技术应用[J]. 电脑知识与技术，2019，15（12）：274-275.
[9]   黄文斌. 新时期计算机网络云计算技术研究[J]. 电脑知识与技术，2019，15（3）：41-42.
[10]   顾炯炯. 云计算架构技术与实践[M]. 2 版. 北京：清华大学出版社，2016.
[11]   杨正洪，周发武. 云计算和物联网[M]. 北京：清华大学出版社，2011.